JN028898

J・D・バナール

宇宙・肉体・悪魔

理性的精神の敵について

新 版

鎮目恭夫訳

みすず書房

THE WORLD, THE FLESH AND THE DEVIL

An Enquiry into the Future of the Three Enemies of the Rational Soul

by

J.D. Bernal

Kegan Paul, Trench, Trübner & Co., Ltd., London, 1929

目次

第一章　未　来（THE FUTURE）

二つの未来——願望と宿命

未来というものには二つある。それは願望の未来（the future of desire）と宿命の未来（the future of fate）だが、人間の理性は、いままでこの両者を分離することはできないできた。願望というものは、世の中で最も強力なものだが、そのもの自体はすべて未来のことであり、あらゆる宗教における動機がつねに無限の未来にわたる至福または帰無へ向けられているのはゆえなきことではない。今や宗教が科学に席をゆずったため、霊魂の楽園という未来は人類のユートピアという未来の前に色あせたが、それでもなお未来が君臨している。しかし他方には、つねに宿命というもの、不可避的に起こるであろう未来がある。この意味での未来は、前者のように人間とその願望に関するものではなく、あらゆる空間と時間にわたる全宇宙に関するものである。仏教徒は生と死の輪廻からの脱出を求め、キリスト教徒は来たるべき来世を信じて現世を生きぬき、近代の改革家は、やはり非現実的だがもっと想像力に乏しい仕方で、彼の選ぶ未来を現世に求めている。

未来を扱う科学

いったいわれわれは、何かもっといい仕方で願望と宿命を和解させることができるであろうか？　科学者の信念によれば、未来というものの客観的な分析は、未来がこうあってほしいとか、ああああってほしいという、あらゆる願望をわきへ斥(しりぞ)けることができるとき、はじめて可能であり、しかも、このような至難な道を追求してゆくとき、彼の願望と客観的な事象とは、何らかの相互作用を通じてますます調和してゆく可能性がある。このようなことを期待し、またはよりよくは、未来への純粋な好奇心にかられて考えるとき、未来を科学的に調べることはいかにして可能であろうか。未来を扱う科学においては、観察は実験に劣らず不可能である。したがって、科学の三つの方法のうち残るのは予測だけである。他の諸科学では予測は小さな役割しか果たさない。これは当然のことで、予測は直ちに検証されるからである。とはいえ、科学的予測というものには一般的な方法があるから、われわれは未来の状態の全体を扱うときにも、その方法の適用を試みることはできる。

幻想の排除と既成観念からの脱出

まず第一に、しかも終始一貫して必要なことは、幻想をできるだけ排除することである。なぜなら、われわれの大部分にとっては、未来とは現在および過去に欠けていたものを充たしてくれる代償だからである。未来は未知で否定しえないものであるがゆえに、これらのあらゆる望みや願いを託するのにあつらえむきの場だが、科学的な予測においては、そういう願望はきわめて人をあざむきやすい道案内である。これと正反対の危険は、同じく危険であるばかりでなく、いっそう油断がならない。すなわち、われわれは自分たちの生活のなかで現在をあまりにも当然のこととして受け容れており、そうしていることを自分ではまるで気づかないほどなので、未来について考えているときにもわれわれは、自分たちが生まれた社会の歴史的偶然事を宇宙の必然性から区別することができないのである。最近の数世紀に至るまでは、このように未来を現在の継続としてしか考えることができなかったことが、神秘的な予見以外のあらゆる未来予測を妨げてきた。幸いにも、以上の二つの相補的な誤りは未来のうちの互いに異なる部分に影響を及ぼす。われわれの願望が事実に対するわれわれの予見を歪曲するのに大きな力をもつのは、われわれが依然としてそこの人間と事物に共感的な結びつきをもっている近い未来に対してである。われわれは、もっと遠い未来についてはそれほどの関心はもたないが、いやしくもそのような未来を考えるためには、われわれは従来の多くの慣習的な考え方を棄てなければならない。従来はかなり聡明な予言者でさえ、その想像力を何らかの静止的なユートピアに至って停止してしまったが、あらゆる証拠は変化がますます加速されつつあることを示している。

科学的予測の指針

では、未来は現在と同様だがもっと楽しい（または、人によってはもっと楽しくない）ものだろうという素朴な予見に代わるべき積極的な思想を何か見出すことができるであろうか？　指導的な原理はライエルが科学的地質学の建設の導きにした原理――現在の状態と、そのなかで作用している諸力とは、そのなかに未来を暗に含んでおり、未来を判断する道を指し示しているという考え――である。この判断のためにわれわれを助けてくれる学科が三つある。まず歴史（人類の歴史はそのほんの小さな一部分をなすにすぎない）は、事物がこれまでいかに変化してきたかを教えてくれ、それから推して未来にはどう変化するかを示してくれる。厳密には、未来予測は歴史学の一部として扱われるべきだが、歴史がその法則を見出すまで、歴史は主として例示的な事実の倉庫として利用されねばならない。ただし、大ざっぱな意味では、将来おこるすべてのことは歴史の精神（スピリット）に合致するにちがいないということができよう。第二に、今日知られている限りの物理的諸科学は、過去ばかりでなく未来の建設にも使われる素材と、その建設が行なわれる仕方とを教えてくれる。その仕方はわれわれの眼には物理法則として映っているが、それはひょっとすると結局は一つのトートロジーであって、*ただわれわれが生来の能力の限界のためにそうだとわからないだけなのかもしれない。第三に、われわれの願望についての知識がある。われわれの願望する未来というものは幻想ではあるが、われわれの願望というものは皮肉にもすでに宇宙における変化の主要な動因となりつつある。ただし現実の変化がわれわれの望んだ変化であることはきわめて稀であるが。

*〔訳注〕この前後の文章は、自由に意訳すれば、「過去と未来に共通にあてはまる客観的な物理法則だとわれわれが思っているものは、実はそのような法則があるという仮定から論理的に出てくる帰結にすぎないものかもしれない」というような意味に解される。

偶然と必然性

未来を全般的に予測しようとするときの最初の困難は、それがものすごく複雑で、そのあらゆる部分が相互に依存しあっていることにある。しかし、この複雑さはまったく脈絡のない混沌ではなく、われわれはつねに、それを偶然と必然性との産物として考察することによって、未来予測に挑むことができる。ただし偶然とは、われわれがそれらの相互関係を理解することができないものをさし、必然性とは、それができるものをさす。宇宙全体というようなきわめて複雑なものを構成している諸事象は、一個の分割不可能な全体をなしているのでもなく、まったく互いに独立な部分の集合でもなく、さまざまな複合体（星雲、惑星、海洋、動物、社会）からなり、それらの各複合体を構成する要素も、それぞれ複合体をなしている。このような階層的な複合体構造は、何らかの客観的な正当性にもとづいて考えられたものではなく、人間の思考様式の表現、科学を可能にする便宜的な単純化にすぎない。それぞれの複合体の内部では、それ自身の法則に従った発展が行なわれる。それらの法則はその複合体の特性によってきまるが、それらの法則はつねに、一つ次元の低い多数の複合体の統計的な偶然的相互作用と見なせるものに完全に帰着はできないまでも、そういう相互作用を含んでいる。たとえば一つの都市の死亡率は、その都市が衛生施設に費やす金額の関数であることを示すことができるが、ひとりひとりの個人の死は町全体の立場から見れば偶然的な事情によるように見える。もっとも、個人の立場から見れば、各人の死はそれぞれ特定の事情によるのである。われわれはある次元の複合体を考察するときには、それを含むより高い次元の複合体を無視することができる。たとえば酸素の原子がその環境に対して反応する仕方は、その原子が一個の星雲の中にある場合でも、一個の岩石の中にある場合でも、人体の脳の中にある場合でも同じである。

本書で試みる予測の方針

ところで、ここでわれわれが問題にする複合体は人間の頭脳であり、したがってわれわれはまず、宇宙のそれ以外の部分は、人間自身が干渉する場合を除いては、その物理的、化学的および生物学的な法則によってきまった道を進むという仮説から出発してよかろう。絶対的な意味では、これらの法則はわれわれにはまったくわからないのだが、人間の行動についてのわれわれの知識と比べた相対的な意味では、われわれはそれらの法則をかなりよく知っており、それらがひき起こす未来——天文学的、地質学的および生物学的未来——は一定の安定な事象であるようにみえる。

人間世界では、目前の未来は現在目に見える諸傾向の継続として現われ、それより先のことは現在の知識の応用と開発に依存するにちがいない。ここに予測のための最小限の土台がある。ただし、われわれの現在の知識には、知識の今後の進歩もまた同じ線に沿って進むであろうということが暗に含まれている。このような新しい知識の適用と、それから出てくる二次的な結果とこそが、われわれが主に問題とするものである。なぜなら、予測をもっと進めて今日想像できない発見を含ませることは、明らかに不可能だからである。もちろん、今日予測できない発見の一つが発展の全コースをすっかりかえてしまうほど重要な影響を及ぼす可能性もかなりある。偶然的要素は、われわれが二つ以上の分野の知識の応用または発展を考える際にすでに入ってくる。なぜなら、しばしばわれわれは、ある分野の発展はかなりよく予言することができるが、その発展の速度は予言することができず、したがって、たえず互いに作用しあういくつかの分野の全体の発展は予言できず、全体の未来の姿は先へ行けば行くほど不確実になる。この困難を処理する唯一の道は、関係する変数をできるだけうまく分離し、一つの分野の発展が他のどの分野の発展とも独立に進むと考えられるようにし、それからこの方法によって得られた結果を結び合わせることである。そのさい同時にわれわれは、どの一時期における発展も、それ自体が自己矛盾のない全体でなければならないということを忘れてはならない。発展のそれぞれの線は、ある程度進むと、他の線の発展からの必要によって制約される段階に達するにちがいない。たとえば、生命の化学的制御には非常に高度の化学的な技術と装置の発展が必要である。他方、いくつかの路線の発展の結果のすべてが他の分野における発展によって余分になることもある。たとえば合成食糧の製造とそれに結びついた産業は、もし血液が動物の動力として直接に使われるようになれば不必要になるだろう。

合理的精神に対する三つの敵

明らかにわれわれはこのような予測方法で詳細なところまで進むことはできない。もしそれができるなら、われわれは将来を正確に予言することができるばかりでなく、それを現在実現することもできるはずである。要するに、ここで考察するに値するのは次の三つの分野だけである。

人類は、進化して人類となって以来つねに、そして現在もまた、次の三種類のたたかいに取り組んできた。第一は自然界の巨大な非生物学的な諸力、暑さ寒さ、風、河、物質とエネルギーなどである。第二は、それよりもっと身近な動物と植物および人間自身の身体、その健康と疾病である。そして第三は、人間の願望と恐怖、想像力と愚かさである。この三つの部面を順々に取り上げ、そのさい、その部面における人間の進歩が進んでゆく時、その他の部面では変化がないという任意的な仮定をすることにしよう。

第二章　宇　宙（THE WORLD）

物性物理学の応用

まず第一に物質的世界について考えよう。ここでの未来予測は、最も確実な土台の上に立っており、その最初の数段階では予測はほとんど数学の問題である。過去二十五年間の物理学の諸発見が現実の世界で応用されるようになるにちがいない——この歩みは、まだほとんどはじまっていないが、その本性は容易に予見することができる。今までわれわれは、十九世紀の初期と中期の諸発見にもとづいて生活してきた。それは動力と金属を主役とする巨視的機械化の時代であった。本質的にみて、それは人体の比較的単純な機械的運動の一部を機械で置きかえることに成功した。すなわち、筋肉のエネルギーの代わりに蒸気力およびのちに電力が使われるようになったのである。これだけでも人間生活全体に革命的変化を与え、人間と粗大な自然界の諸力との力関係をはっきり人間優位の側へ転ずることができた。しかし二十世紀の諸発見、特に物質そのものの本性に関する量子論による微小世界の仕組みの解明は、はるかに根本的なものであり、やがてはるかに重要な結果をもたらすにちがいない。その最初の段階は、新しい材料物質と新しい化学過程の開発であろう。そこでは物理学と化学と機械学が互いに渾然一体に融合するであろう。この段階の歩みはまもなく、材料の生産を、自然界が石や金属や木材や繊維としてわれわれに与えてくれるものの単なる加工によってではなく、分子の構造を指定して合成することによって行なうことができる段階に達するであろう。すでにわれわれはあらゆる種類の原子を知っており、それらを結び合わせる力を明らかにしはじめており、まもなくわれわれはいろいろな原子をわれわれ自身の目的にかなった仕方で結合させるようになろう。事実、オスロのゴルトシュミット教授はすでに多くの模造物質を作ったが、それらは既存の物質ときわめてよく似たものを異なる原子で作り、従来の物質より硬度が高いとか低いとか、融点が高いとか低いとかいう新物質を作った。硅酸構造に硫黄と窒素を加えたものは地球上に存在するどんな物質よりも硬くて溶融しにくくなる。同様な物質であるカーボロイ（carboloy）は、すでに市販されているが、これらは鋼の強度とダイヤモンドの硬度をかね備えており、硝子を金属のように切削することができる。有機物質についても同様な模造物が可能と思われる。この場合は複雑さがはるかに高いが、結果ははるかに大きいであろう。ゴムや筋肉のような繊維もしくは弾性物質を作っている鎖状の分子は、すでにX線によって解明されつつある。生物の蛋白性物質は、それと似ているが、いっそう複雑な構造をもつにちがいない。これらの分析に続いて合成が可能になるであろう。そしてわれわれは自然界を一個所でまねることができるごとに、十個所で改良することができるようになり、自然界の有機物質よりいっそう多様な性質をもちきびしい条件に耐えることができる模造物質を作ることができるであろう。その結果──それはそう遠い未来ではないが──、おそらく金属とそれに伴ういっさいのもの──鉱山、溶鉱炉、大きくて重たい動力機関──の時代が過ぎ、軽くて弾力に富み、利用目的にちょうど必要な強度をもつ合成物質の世界がくる。すなわち、生物界のもつ調和のとれた完成度をまねた世界である。

産業と生活の近代化

それと同時に、今日われわれが近代生活の諸目的のために必要としているものの多くがもはや不必要になるであろう。化学的製造システムの進歩により、われわれの食糧と衣料は製造についても輸送についても従来よりずっと少ないエネルギーの消費でなされるようになろう。機械の発達もやみはすまい。それは従来より洗練された形に転化するにちがいない――熱機関はますます低い温度差で運転できるようになり、エンジンはますます高速になり、電気機械はますます高電圧と高周波になるだろう。そしてまた、二つの最も根本的な問題――低周波の電波によるエネルギーの効率のよい伝送と、太陽の高周波電波（光）の直接の利用――の解決がもたらされるであろう。化学の側では、食糧を制御可能な条件のもとで生産する問題――生化学的および終極的には化学的に生産すること――が現実に達成されるであろう。その新しい合成食糧は、生理学的な効能と、自然界が与えてくれる食糧と同じ範囲の香りとをもち、味の点では天然の食糧を凌駕し、さらにまた従来の合成食糧の第一の弱点であった舌ざわりの点でも天然の食糧に劣らないものとなるであろう。このようなさまざまな要求の組合せと取り組むことによって、料理術は歴史上はじめて他のさまざまな技術と同等の地位を獲得することができるであろう。

宇宙への進出

これらすべての発展により、現在の世界とは比べものにならないほど能率的で豊かな世界がもたらされるであろう。その世界は、現在よりはるかに多くの人口を支え、人々に何ひとつ不自由をさせず、しかも充分な余暇を与えることができるであろうが、それでもやはりそれは、空間的には地球の表面に限られ、時間的には地質学的時代変化の中のたまたまの好時期に限られた世界であろう。ところがすでに人類の中には、かつて大気圏を征服したのと同様に宇宙空間を征服しようという野望が胎動しており、この野心は——最初は空想的なものだが——時とともに必要に迫られてますます強化されてゆく。結局はこの問題が解決されないと考えることは不可能なように思われる。この問題でわれわれが相手にせねばならないのは時空の単純な彎(わん)曲(きょく)——要するにわれわれ自身が充分な加速度を獲得するという問題——であり、これは早かれおそかれ実行可能になるにちがいない。今日でさえ、われわれがすでにもっている知識だけにもとづいてそれを達成する方法を創造することは可能である。宇宙の征服という問題は、あらゆる困難がその最初の段階に集中している問題である。ひとたび地球の重力場からの脱出が達成されれば、それ以後の発展はものすごく急速に進むにちがいない。工学上の詳細にあまり立ち入らないで考えるなら、もっとも有効な方法はロケットの原理にもとづく方法のように思われる。そしてその困難は、せいぜいのところ、粒子を噴射してその反動を利用するための粒子の速度をできるだけ大きくして、ロケットの推進に必要なエネルギーと物質の量をできるだけ節約できるようにすることにあるにすぎない。今までのところどんな形のロケットも気体の塊の運動に依存するが、それらの気体の中では個々の分子は全くでたらめな方向に高い速度で動き廻っており、必要な噴射の方向へのそれらの分子の平均速度を利用するにすぎない。第一に望ましいことは一種のマクスウェルのデーモンを使ってロケットの推進方向と正反対の方向へ高い速度で動いている分子のみを放出することである。第二の困難は、多少とも大型のロケットを動かすためには必要な気体の量がロケット自体の重量と同程度になり、そのためロケットに多少とも長時間にわたり推力を維持させるために充分な物質を積み込むことがどうやったらできるかを考えることにある。もしエネルギーを電波で伝送することができるようになれば、この困難は半減するだろうし、粒子の噴射は結局は高電圧による陽極線の放出によって行なわれることになるかもしれない。ひょっとすると、宇宙旅行と電波によるエネルギーの伝送の両方はジャポルスキー教授の磁気逃走波（magnetofugal wave）によってすでに解決されているのかもしれない。それは一種の磁気的な渦輪が、通常の電磁波のように空間に拡がってしまわずに、伝播方向を軸にしてその周りに集中したまま空間を伝わってゆく波である。宇宙船の推進方法を除けば、宇宙船の建造には困難はない。なぜならそれは潜水艦の建造と本質的には同じ問題だからである。もちろん最初の宇宙船はきわめて窮屈で乗心地のよくないものだろう。しかしそれに乗り組むのは熱狂的な有志だけであろう。他の惑星への着陸または地球への帰還の問題はそれよりずっと困難だが、それは主に加速を精密に制御することが必要なためである。おそらく最初の宇宙旅行は純粋に探検のためであり、着陸は試みず、それに乗った人は、地球へ帰還しようとするなら、その宇宙船を捨ててパラシュートで降下せねばならないだろう。

どんな方法が使われるにせよ地球からの最初の脱出が成功したときには、すでにわれわれは宇宙をかなりの加速度で旅行すること、したがって大きな速度を獲得すること——たとえその加速が短時間しか維持できない方法であったとしても——が達成されているわけである。もしその時までに太陽エネルギーを利用する問題が解決されていれば、こういう宇宙船の運動を無限に維持することが可能になる。さもなければ一種の宇宙帆走が開発されるかもしれない。それは風の代わりに太陽光線の輻射圧（ふくしゃあつ）の斥力を利用する方法である。宇宙船は何エーカーもの広さの金属性の翼をいっぱいに拡げれば、冥王星の軌道まで吹き流されることができよう。したがって帆を操って風上へジグザグに進めば重力場をさかのぼることができ、そして太陽を通り過ぎたら再び帆を拡げて全帆走することができる。

宇宙基地の効用

従来は、宇宙旅行を考えた人たちは、それを探検と他の惑星への訪問という見地からのみ考えたのだが、地球の重力場からの脱出の莫大な意義はほとんど全く見のがされていた。地球上では、たとえわれわれが太陽から受ける全エネルギーを利用したとしても、太陽が放出するエネルギーの二兆分の一以外のすべてを浪費していることになる。したがって、もしわれわれが太陽のエネルギーを巧く利用することができるようになり、しかも地球の表面から脱出することができるようになれば、人類の住める領域が従来よりはるかに拡大することになろう。われわれはそのようなことが一定の段階を経て起こることを想像することができる。宇宙旅行の技術的問題が充分に解明されれば、われわれの願望によるにせよ必要によるにせよ、宇宙空間に人類のための恒久的な家を作るという問題が出てくるであろう。宇宙空間における航海そのものの容易さと、地球のようなかなり強い重力場をもつ惑星への着陸またはそこからの離陸の困難さとのため、まず第一に、修理と補給のためにこれらの困難さを伴わない基地の必要が出てくるだろう。なぜなら、たとえば破損した宇宙船は地球に着陸しようとすればほとんど確実に壊れてしまうからである。これらの基地に住むためやってくるのは、最初は宇宙航海者、次には地球の外に出たほうが観測をし易いような科学者、最後にはどんな理由によるのであれ地球上の条件に不満な人々であり、これらの人々はこのような宇宙空間の基地に恒久的な植民地を建設するであろう。われわれは今日のような原始的な知識をもってさえも、そのような宇宙ステーションの設計をかなり詳しく考えることができる。

宇宙植民島の建設

それはたとえば直径十マイル程度の球殻で、きわめて軽い物質からなり、内部がおおかた中空になっている。この目的のためには、新しい化学物質がきわめて役にたつであろう。重力がないため、その建造は決して工学的に至難な業ではあるまい。これを建造する材料物質は、ほんの一部分のみ地球からもってこられるにすぎないだろう。その構造の大部分は、一つまたはいくつかの比較的小さな小惑星か、月か、土星の環か、その他の惑星の破片を材料にして建造されるであろう。その建造の最初の段階は、最も想像することが困難である。おそらくその最初の段階は、直径数百ヤード程度の小惑星を宇宙船にくっ付け、その内部をえぐって取り出した物質を使って最初の保護殻を作ることからなるだろう。その後その殻を、人工合成されたもっと適切な物質を使って改造し、同時に殻の厚さを減らすことによって全体の大きさをふやすことができるだろう。この球殻が、われわれの地球が生命を支えているのと同じ機能のすべてを果たしてくれる。重力がないために、それはその大気とそれが養う生命の大部分とを内側に保持せねばなるまい。しかし、その営養はすべてエネルギーの形で外側の表面から取り入れられるから、それは全体としてはものすごく複雑な単細胞植物に似たものとならざるを得ないだろう。

球殻植民島の外殻

一番外側の層は保護と物質の摂取同化の役割を果たすものとなろう。太陽系の内部には離心率の大きな軌道を高速度で動いている隕石物質が存在し、これらが宇宙旅行と宇宙空間における居住に最も恐ろしい危険となるだろう。ある種の隕石群は、その軌道に入らないことによって完全に避けることができよう。比較的大きな隕石は、遠方から視覚的観測またはそれらの隕石の重力場の作用によって探知することができよう。したがって大きな隕石を避けるには、当の球殻のコースを変えるか隕石に向かって高速度の弾丸を射出することによって、その隕石の軌道を曲げればよかろう。しかしもっと小さな隕石を避けることは不可能だろう。したがってその球殻の殻を充分強く作って、それらの隕石が殻を貫通したり殻にひびをいらせないようにせねばならず、表面の破損を修理する自己修復的なメカニズムをもたせねばなるまい。そのためには、おそらく、われわれの地球上の大気が地球のために行なっている機能をまねて、隕石に向かって高速度の気体か電子を噴射し、それによって隕石を蒸発させて、隕石が破壊をもたらすことを防止することができよう。と同時にまた隕石は、もしそれを摂取し同化する方法を見出すことができたら、当の球殻の成長や推進に必要な物質の主な源泉となろう。

このような球殻外側の層は硬くて透明で薄いものとなろう。その主な機能は、内部からの気体の逃散を防ぎ、構造の堅固さを保証し、かつ入射エネルギーが自由に通過できるようにすることにある。この表皮のすぐ下には、そのエネルギーを利用する装置があり、それは炭酸ガスから炭水化物を合成することができる葉緑素に似た液体を含む管網形をとるか、または入射する光のエネルギーを吸収するための何らかの純粋に電気的な装置であろう。後者の場合には、当の球殻体は太陽光線の利用面積をふやすための広大な薄い膜状の翼をもつだろうことはほとんど確かである。その翼の表面のすぐ下の循環は、余分な熱を搬出して熱放射をできるだけ低く保つようにするために必要な機能をも果たすだろう。この層の下にはおそらくその球殻体の主貯蔵庫が固体酸素と氷と炭素または炭化水素との層の形で存在するだろう。これらの層は厚さが四分の一マイルほどになるかもしれないが、これらの層に囲まれた内部にはその球殻体の制御機構が収められる。これらの機構は、第一には一般的な物質交代を維持する。すなわち内部の大気と気候を組成と流動の両面にわたり制御する。それらは必要な食糧生産を司り、機械的エネルギーを必要なところに供給する。それらはまたあらゆる廃棄物を処理しエネルギーを使ってそれらを消費財に変換せねばならない。なぜなら、この球殻体は地球の何らかの一部分の代用をするのではなく、地球全体にとって代わらねばならないからであり、地球はどんな物質をも永久的に廃棄してしまう余裕はないことを忘れてはならない。これらの層の内部にはまた、その球殻体の改造に取り組む工場と実験室と球殻体の成長のための設備とが設けられることになろう。

植民島の内部

これらの機械的な層の内側には生活領域があり、それを想像することはいっそうむずかしい課題である。もちろん、われわれが地球上でもっているのと同じ意味での家や部屋は必要がない。悪天候も重力もないため、われわれの家屋がもっているような要素の大部分は無用になる。おそらく次のように考えて間違いなかろう。すなわち、薄いけれど防音性をもつ隔壁によって囲まれたいくつかの部屋が、特殊な隔離を要する作業のために必要だが、この球殻体の住民の生活の大部分は、球殻の中央の広い部分を占める自由な空間でなされることになろう。

無重力下の生活

この三次元の無重力下の生活様式は、われわれにとって想像することが非常に困難であるが、われわれがいつまでたってもそれに馴れることができないと考えるべき理由は何もない。われわれは今日のように全生活にわたって地球の表面にひきとめられているような生活様式から解放されるだろう。たとえば比較的硬い物体をちょっと押せば、われわれの身体は数ヤードも動くことができる、大きくジャンプすれば、われわれはこの球殻の一方の壁から他方の壁まで飛んでゆくことができよう。もちろん空気の抵抗が働くことは地球上と同様だが、これは短い翼の利用によってかえって利用することができよう。あらゆる物体は奇妙な軽さをもつことになる。われわれは物体を下に置いておく代わりに一定の場所に保っておく方法を考え出さねばならない。液体や粉末は最初は非常な厄介をもたらすことになろう。茶碗に入れたお茶を下に置こうとすれば茶碗は下の方へ進んでゆき、お茶は球状の振動する液塊となって空中に残ることになる。埃はがまんのできない厄介ものになるから出ないようにせねばなるまい。なぜなら埃は水を打っても落ち着かせることができないからである。われわれは結局はこれらすべてのことが非常に好都合な条件であることを知るだろうが、最初はきわめて厄介なことにちがいない。三次元の生活の可能性は、このような球体を、その大きさから察せられるよりはるかにゆったりした生活の場にするだろう。内側の直径が八マイルの球殻体があれば、百五十マイル平方の土地と事実上同じ広さのスペース――地上五十フィートまで自由に使えるとした場合のそれだけの広さの土地と同じスペース――があることになる。

一種の生物としての宇宙島

宇宙に浮かぶこの球体の働きは、もちろん、決してその内部だけには限られない。第一に、それはいくつかの事実上の感覚器官と運動器官をもたねばなるまい。本質的には、その感覚器のほうは一種の天文台からなり、その球体の位置をたえず記録し、と同時にそれに損傷を与えるおそれのあるかなりの大きさの隕石物体を監視する。この球体は全体としては旅行用には設計されていない。太陽の周りの軌道をエネルギーを何ら消費せずに廻るのである。しかし時には軌道をいっそう好都合な位置へ変えることが必要であり、そのためにはロケット式の小さなモーターが必要だろう。

しかしこの球体は決して孤立してはいないだろう。他の球体や地球とたえず無電（ワイヤレス）で通信し、この通信はわれわれが現在もっているあらゆる種類の感覚的情報の伝達を含むばかりでなく、将来われわれが獲得するような情報をも含むだろう。そして惑星間宇宙船によって、人間と物資の輸送が保証され、これらの球体植民地が孤立した存在ではなくなるだろう。

しかしこの球体植民地の本質的な積極的機能は、その球体の成長と増殖にある。単にそこに生命をいつまでも維持しておくに充分なだけの球体なら、地球上の諸条件をもっと狭い球殻内に再現しただけのものにすぎない。しかし球体の外側の殻を保持する必要のために構造の連続的改造は妨げられ、発達の仕方は甲殻類型をとるかまたは軟体動物型をとらねばなるまい。前者の場合には従来の球殻の内部に新しいいっそうすぐれた球殻が作られ、やがてそれが古いものを壊して吸収してしまうし、後者の場合には新しい部屋がラセン形に次々に作られてゆく。あるいはまた、より可能性が多い方法として、もっと原始的な原生動物の成長の型をとり、最初の球体の外側に新しい球体が作られ、それは最初は古いものとくっついているが、やがて分離して独立の球体になってゆく。

宇宙島の乗務員と住民

以上で考察してきたのは球体の構造と機構についてであり、そこに住む住民についてではなかった。その住民は乗務員と乗客とに分けることができる。前者については――彼らの任務が近代船の乗務員に課せられているものよりはるかに複雑で科学的であるという点を除けば――われわれが問題とする必要はない。乗客に対しては、その球体はホテルと実験室との両方の役割をする。各球体の住民は決して固定されている必要はない。それらの球体相互間および地球との間に絶えず人員の交換が行なわれるだろう。たとえ人類の多くの部分が実際にはそれらの球体に住むことになってもやはりそうである。そこには政府というものは、おそらく近代的なホテルにおける以上は必要がないだろう。当の宇宙船の安全性に関するいくつかの規制は必要だろうが、それがすべてである。

この考えに対しては次のような根拠から批判がなされるかもしれない。すなわち、二万とか三万とかの住民をもつ球体での生活は極度に退屈であって、しかもそこには地球上の最も小さな最も孤立した国にさえもあるようなさまざまな風景や動物や植物や歴史的関係が欠けているという問題である。この批判は、人間が如何なる点でも不変のままでいるという最初の仮定にもとづけば正当である。この点について、このような宇宙空間の植民球体上での生活の可能性を考えるためには、後の章で述べることを先取りして、人間の関心と仕事がすっかり変ってしまっていると仮定せねばならない。今日でもすでに科学者は自分の仕事にかなり没頭していて、近所の人々よりは自分たちの仲間との関係に関心を集中している。一方また現代の美術は抽象へ向かっており、人工の加わっていない自然界からのインスピレーションをあまり必要としていない。過去において小さな土地や小さな国が人間の関心の領域を狭くするようにみえたのは、一つにはそれが外界から孤立していたためであり、一つにはその住民の大部分がきわめて低いレベルの文化にあって、そのためその領域の内部ではこれといったほどの知的交流をすることができなかったためである。これらの制約はわれわれの考える宇宙空間の球体にはあてはまらない。古代アテナイの場合を考えただけでも、大きさが小さいというだけでは文化的活動を制限することにはならないことはわかるだろう。そのような新しい世界では、自由なコミュニケーションと、関心を同じくする人々の自発的な連合があたりまえのこととなる。原始的な自然に主な関心をもつ人々のためには、地球を、莫大な量の農業生産物を生産せねばならない経済的必要から解放して、現在よりはるかに自然な状態へ復帰させることが可能になろう。

宇宙島の未来——太陽系からの脱出

これらの球体は、個数がふえてゆくにつれて、それぞれの構造とその住民の気質とによって非常にさまざまな仕方で発展してゆくにちがいない。そしてそれと同時に、それらの植民球体は、自己の生存を保つための太陽光線と成長するために必要な隕石物質とをめぐって、ますます互いに競争するようになるだろう。早かれおそかれこのような競争の圧力、またはおそらく太陽の破滅がさし迫っているという知識のために、太陽系の外に何らかのもっと野心的な植民地を建設するように強いられるだろう。この飛躍をするために乗り越えねばならない困難は、おそらく地球そのものを離れる時に必要だったのと同じほど大きなものであろう。恒星間の距離はきわめて大きく、光の速度に近い高速が必要である。しかも、高い速度を獲得するのは容易だが——それには加速を累積すればいいが——、そうすれば宇宙船を非常に重大な危険、特に宇宙空間に分散している隕石物体からの危険に曝すことになる。したがって宇宙船は一種の彗星でなければならず、前端から気体を放出して、それによって進路上のあらゆる物質を蒸発させ、それを側方や後方に吹き飛ばして、明るい尾をもつことになろう。このような方法は物質を非常に浪費する方法なので、おそらくそのような時代がくるまでに何かもっといい方法が案出されることを期待せねばならない。またそのような高い速度をもってしても、旅行は数百年か数千年かかるにちがいないから、もし人類が現在のままなら、人々はその植民地を出発するとき遠い子孫が目的地に到達することを期待せねばならないだろう。このようなことのためには、今日われわれがほとんど要求できないほどの自己犠牲心と教育方法の完成とを必要とするだろう。しかし人類は、ひとたび宇宙生活に馴れれば、恒星の宇宙を隈なく飛び廻り、その大部分に植民するまでは止まりそうもないし、そこまでいってもまだ満足しそうもない。人間は結局は星に寄生することでは満足せず、星の内部に侵入してそれを自分自身の目的のために組織することになろう。

大宇宙への生命の挑戦

星というものはエネルギーの莫大な貯蔵庫であり、そのエネルギーはその容積にとって可能な限りの速度で放散されつつある。ひょっとすると将来は人類はエネルギーなど全く必要とせず、星に対してはすばらしい眺めだという以外には無関心になるかもしれないが、もしエネルギーを必要とするなら（この方がありそうなことだが）、その場合は星は従来の仕方で存続されることを許されず、能率的な熱機関に変換されるだろう。熱力学の第二法則というものがあり、それはジーンズが楽しげにわれわれに示したように、この宇宙をついには見る影もない終末に至らせるのだが、この法則がつねに最終的な決定因子であるかもしれない。しかし知能による組織化活動によれば、宇宙の生命は、そのような組織化活動がなかった場合の何兆倍も長く存続することがおそらく可能であろう。その上われわれは、宇宙の誕生の時期にまだあまりにも近くて、その終末を見通すことはできない。とにかく、このような問題がさし迫った問題となるよりずっと前に、人類自体が以上のような環境のなかで根本的に変化してしまうにちがいないと思われる。このような変化の本性を次の章で考察せねばならない。

第三章　肉　体（THE FLESH）

自然の進化に頼っていた段階

人間は自分自身の改造については、無機的環境の改造についてよりはるかに多くのことを今後に残している。後者のほうは、これまで数千年にわたり多かれ少なかれ無意識的かつ経験的に行なってきたのであり、それは人間が他のどんな動物ともちがって環境に寄生することをやめて以来のことであるし、すでに少なくとも数百年前からは意識的かつ知的に無機的環境の改造を行なってきた。これに反し、人間はこれまで自分自身を変えることはまったくできなかったのであり、五十年ほど前からやっと自分の身体の働きを理解しはじめたにすぎない。もちろん、こういうことは厳密には正確ではない。すなわち、人間は進化の過程で自分自身を改造してきたのであり、その間に体毛の多くの部分を失い、智歯は生えなくなりつつあり、鼻腔はますます退化しつつある。しかし自然の進化の過程は、環境に対する人間の制御の発達よりはるかにのろく、そのように発達してゆく世界においては、われわれは今なお人体を一定不変と考えてもいいほどである。もしそう考えるべきでないとするなら、人間は自分自身の身体形成に積極的に干渉せねばならず、しかもこの干渉をきわめて不自然な仕方でやらねばならない。優生学者と健康生活の唱道者たちは、非常に長い時間を経て、人類の潜在能力を全面的に実現することができるかもしれない。すなわち、それによってわれわれは美しくて健康で長寿な男女を実現できるかもしれない。しかしそのやり方は、人間という種の改造には関係しない。それをするためには、われわれは、人体の生殖質〔germ plasm 遺伝質〕か、生活構造〔living structure 非遺伝的構造〕か、またはその両方を改造せねばならない。この第一の方法――J・B・S・ホールデン氏のお得意のもの――は、これまでもっとも注目を浴びてきた。それによれば、われわれはすでに犬や金魚において経験的に成功したのと同様な変種を作り出すことができるであろうし、特殊な能力をもつ新しい種を作り出すことさえできるかもしれない。しかしこの方法は不可避的にのろくて、しかも結局は血と肉の可能性に限定されている。生殖質は大変近づき難いものであって、それを適切に処理するためには、それを分離せねばならず、分離するということはすでに外科的な処理を必要とする。今日まで知られているような進化のメカニズムが、この点でもっと優れたものにとって代わられることは、充分考えられることである。生物学者たちは、たとえ生気論者でなくても、とかく進化というものを神の業のようなものと考えがちである。しかし、それは結局のところ生物と環境との均衡を移動してゆくための自然のやり方にすぎない。だから、もしわれわれが知能の利用によってもっと直接的なやり方を発見することができれば、そのやり方は無意識的な成長と増殖のメカニズムを凌駕することになるにちがいない。

道具の採用

ある意味では、われわれはすでにこの直接的な方法の利用を開始している。祖先の猿がはじめて石を利用したとき、彼は自分の身体構造を外部物質を取り込むことによって、修正していたのである。このような仕方で体外物質を合体することは一時的なものだったが、衣服の採用とともに身体に対する一連の永久的な付加がはじまり、その影響は身体のほとんどあらゆる機能にまで及んできた。眼鏡の場合のようにそれは感覚器官にさえ及んだのである。近代的な世界では、事実上人体の一部をなすようなものがきわめて多種多様に存在する。とはいえ、それらはすべて（まれに使われる人工喉頭のようなものを別にすれば）人体の細胞構造の外側にあるような性質のものである。このような体外物を生体の構造そのものの中に取り込むようになったとき、決定的な前進がやってくるだろう。このような進歩と平行して、人体の化学反応に介入するような改造がある――これもまた非常に古くから確立された方法だが、それらは病気の治療とか中毒を救うために時たま使われる一時的なやり方にすぎなかった。しかし外科学の発達と生理学的化学との発達とによって、人体の根本的な改造の可能性がはじめて現われる。そうなればわれわれは、進化によって変化が生ずるのを待たずに、進化の方法をまねたり近道をつけることによって進むことができよう。

既成器官の転用

進化が作り出す変化は、単なる大きさの増大や、機能の変化を伴わない形態の変化を別にすれば、転用（perversion 倒錯）的な性質をもっている。すなわち魚の内臓の一部は浮袋になり、浮袋は肺になる。唾腺と余分な目はホルモンを生産する機能を与えられる。環境の圧力によるにせよ、その他の何かが進化の原因になる場合でも、自然は何らかのもはや無用になった活動のために以前から存在しているものを利用し、最小限の改造によってそれに新しい機能を与える。自然のこのやり方には本質的に神秘的なことは何もない。それは変化を達成するための最も古くからのやり方でもあり唯一の可能なやり方でもあった。新しい状況に対処するために全く新規に出発することは、人知によらない自然のやり方では不可能であり、そういうやり方によってできることは、すでに存在する行動をその化学的環境の変更によって限られた仕方で修正することだけである。人間もまた、最初の構造を新しい構造の土台として利用する限りにおいては、このやり方をまねるわけであり、それは単にそうすることがもっとも経済的な方法であるからである。しかし人間は自然界が採用している非常に限られた範囲の改造方法だけに縛られてはいない。

人体諸器官の非能率さ

今や近代的な機械的および化学的な諸発見によって、身体の骨格的および物質交代的な諸機能がかなりの程度まで無用になった。目的論的な生化学の立場から見れば、動物は食物を獲得するために四肢を動かすのであり、またその食物を血液にかえて自分の身体の生存と活動を維持するために内臓器官を使うのである。もし人間が単なる動物であるならこれだけでまったく充分だが、人間生活にとってますます重要になってきた頭脳活動の立場から見れば、これはその頭脳の働きを維持する仕方としてはきわめて非能率的な仕方である。文明世界の勤労者にとっては、手足は食物のエネルギーの九割を消費する寄生物であり、手足自体の病気を防ぐために手足の行使を必要とするという点では一種のゆすりでさえある。一方また内臓器官はそれら自体の要求をみたすために忙殺されている。ところが、人間の生存がますます複雑な仕事になり、特にその機械的・物理的な複雑な仕事を処理するための頭脳的能力が必要になったため、従来よりはるかに複雑な感覚と運動の機構が必要になり、さらにいっそう根本的なことに、従来よりいっそうよく組織された脳の機構が必要になった。早かれおそかれ人体の無用な部分は、もっと近代的な機能を与えられるか、まったく除去されるかせねばならず、それらに代わってわれわれは、事実上の身体の中に、新しい諸機能をもつ機構を取りいれなければなるまい。外科学と生化学はまだあまりにも若い科学なので、これらがどんな仕方で起こるかを正確に予言することはできない。私がこれから述べようとすることは一つの寓話のようなものとして受け取って頂かねばならない。

不死を求めて

まず出発点として、医師と優生学者と公衆衛生官たちとが期待しているような完全な人類を考えてみよう。そういう人間はおそらく百二十年の平均寿命をもつが、やはり死を免れず、しかも自分が死を免れないということをますます苦痛に感ずるようになるだろう。すでにバーナード・ショーは彼の神秘的な仕方で、われわれが経験と学習と理解のために数百年の寿命を保てるような生命を唱えた。しかし、生気論者が信じているような人間の意志の力への信仰がない限り、われわれはこの目的を達成するためには何らかの人工的な工夫に訴えねばなるまい。早かれおそかれ次のようなことが起こるだろう。すなわち、ある優れた生理学者が超文明的な事故で首の骨を折るとか身体の細胞がとうてい修理できないほど損傷してしまう。そこで彼は自分の肉体を捨てるか自分の生命を捨てるかのどちらかを選ぶことを強いられる。こういう場合、結局のところ大切なのは脳であり、適切に処方された新鮮な血液を供給された脳をもっているということは生きているということ――考えるということ――である。こういう実験は不可能ではなく、犬についてはすでにこのような実験が成功し、人間の場合にもそれが成功する道程の四分の三のところまできている。しかし、バラモンの哲学者でもなければ、外界から隔離された一個の脳として存在し自己自身の内観的冥想に永久に耽けることには耐えられないだろう。世界とのコミュニケーションをいっさい永久に遮断されることは死んだことと同じである。しかし、外界との通信路を作ることはすでに可能である。われわれは神経の信号が本質的に電気的な性質のものであることを知っている。通信文を神経に送りこんだり神経から受信するような装置を神経に永久的に取りつけることは精巧な外科学によってできる問題である。そしてこのようにして外界と結合された脳は生存を続けることができる。それは純粋に精神的な存在で、それが享受するよろこびは肉体のそれとは非常に異なっているが、今日からみてさえそれはおそらく完全な死滅よりは好ましいことであろう。このような話はあまりにも途方もない話のように思われるかもしれないが、おそらく同じ結果を、今日われわれの身体がさまざまな補助的および運動的な用途のために具えている多くの余分な神経を利用することによって、もっとずっと漸進的に達成することもできよう。われわれがぜひ欲しいのは電波を検知する小さな感覚器官と、赤外線と紫外線とX線を感知する目と、超音波のための耳と、高温と低温および電位と電流の検知器と、多くの種類の化学的感覚器とである。おそらくわれわれは、温度感覚と痛覚とを受信する多数の神経を訓練してこれらの機能を遂行させることができよう。運動の面では、二本の手と二本の足とだけではとうてい足りないような機械仕掛を制御することが、たとえすでに必要になっているといえないまでも、まもなくぜひ必要になるだろう。しかもそのことを別にしても、純粋な意志作用によって機械を動かすことができれば、その操作がいちじるしく単純化するだろう。運動機構のうち一次的には電気的でない機構については、直接の神経連絡の代わりに神経筋肉装置を利用するほうが単純で能率がいいかもしれない。さらに痛覚神経は、それに連結された機械仕掛の故障を通報するために利用できよう。人体の仕掛のこのような改造のいくつかまたはすべてを利用する機械的段階は、もしその最初の実験がどうにか我慢のできる生存をもたらすという意味で成功したなら、ふつうの人が誰でも望む改造の極限になるかもしれない。世の中のすべての人がそれを望むか否かは後に論ずるが、さしあたりここでは、改造を許す人間がこの時期にどんな経過をたどるかを描いてみてよかろう。

ホールデンの改造人間

まず、J・B・S・ホールデン氏がたいへん説得的に予言しているように、人間は人工生殖工場で生まれ、六十年ないし百二十年にわたり専門分化しない幼虫的な生存を続けることになろう――これなら自然生活の唱道者たちを満足させるに十分だろう。この段階では、人間は科学と機械の時代の弊害に悩まされることなく、自分の時間を（時間を浪費しているという意識なしに）踊りや詩や恋愛に費やし、たぶんそのついでに生殖活動を営むことができるだろう。〔だが〕その後、人間は、こうしてその可能性が探りつくされてしまった肉体を離れることになろう。

改造人間へ向かって

第二の段階は、蛹の段階に比較することができよう。それは、既存の諸器官を改造して新しい感覚と運動の機構を植えつけるという複雑でかなり不快な過程である。それに続いて再教育の期間があり、その中で彼は自分の新しい感覚器の機能を知るようになり、また自分の新しい運動機構の操作を練習する。そして遂に彼は一個の完全に能率的な頭脳が支配する機械となり、この新しい能力にふさわしい仕事に着手するだろう。これは人間の最後の大変態ではあるが、進化は決してこれで終るわけではない。増大した能力が彼に要求するであろうような精神的発達とは別に、彼は肉体的にも改造前の人類の能力をはるかにこえた可塑性を獲得しているだろう。もし彼にとって新しい感覚器官やそれを操る新しい機構が必要になったら、彼はまだ分化していない神経をそれに連結すればいいのであり、こうして次々に新しい末端器官を利用することによって自分の感覚と行動能力を無限に延長することができるだろう。

このような複雑な外科的かつ生理学的な手術の遂行は、医師たちの手によって行なわれるが、医師という職業は急速に改造人間の管理の下におかれるようになるにちがいない。これらの手術そのものはおそらく、それらの医師の改造された頭脳によって制御される機械仕掛によって行なわれるであろう。もっとも、比較的初期の実験的段階では、もちろん、それはまだ人間の外科医と生理学者によってなされるであろう。

脳のカン詰への進化

最終的な状態の像を描くことはもっとずっと困難である。それは一つには、この最終的状態はきわめて不確かで改善の余地が多いためだが、また一つには、すべての人が同じように改造されると考えるべき理由はまったくないからである。おそらく典型的な形態が何種類も発達し、そのおのおのがある種の方向に専門分化しているであろう。もし議論を機械化人類と呼ぶべき最初の段階に限り、しかも美的な目的ではなく科学的な目的のために機械化された人間のみを考えるとすれば――というのは人間がもし自分自身を改造しようとするならどんな体形を選ぶかを予言しようとすれば、形態と美観との調和をどうすべきかはとうてい想像できないからだが――、そうすれば未来の状況はおよそ次のようになるだろう。

現在の骨格の代わりに、われわれは何か非常に硬い物質ですっぽり被われた枠をもつことになろう。その枠はおそらく金属ではなく何らかの新しい繊維物質からなるだろう。形の点では、それはおそらく短い円筒のようなものとなろう。その円筒の内部に、脳とそれにつながる神経が、衝撃を避けるために非常に注意深く支えられて、脳背髄液の性質をもつ液体に浸されており、その液体が一様な温度で循環している。脳と神経細胞は、円筒の外にある人工の心臓・肺・消化系――精巧な自動装置――につながる動脈と静脈を通じて、たえず新鮮な酸素を含む血液を供給され、酸素を失った血液を除去されているのである。この人工心臓・肺・消化系は、大部分が生きた器官からなるかもしれないが、綿密に設計されていて、それ自身の故障のために脳への血液の供給（それは現在の人体が必要とする血液量とくらべてほんのわずかなものである）が停止しないように、しかも交換や修理が機能を中断せずに行なえるようになっていなければならない。脳はこのようにして意識の連続性を保証されるが、その円筒の前面には直接的感覚器官——眼と耳——が接続されていて、これらの器官はおそらく長期間にわたりこのような接続を維持するだろう。その眼は一種の光学的な箱を覗きこむようになっており、その箱によって眼は、円筒から突き出している潜望鏡や、望遠鏡や顕微鏡や、テレビジョン装置を交互に覗くことができる。耳も同様な付属マイクロホンをもち、無線電波を受信する主な器官としてとどまるであろう。これに反し匂と味の器官は円筒の外側のさまざまな装置につながって、化学的検知器官に転化され、現在の嗅覚器官や味覚器官とくらべて素朴に感情に訴える役割を減じ、意識に訴える役割を示しているだろう。ひょっとするとこのことは脳と嗅覚器官との間の奇妙に密接な関係のために不可能かもしれず、そうなら化学的感覚は間接的なものとせねばなるまい。これら以外の感覚神経、すなわち触覚、温度感覚、筋肉の位置感覚および内臓機能の感覚を伝える神経は、そのそれぞれに対応する外部の機械類や血液供給器官へつながっているだろう。脳円筒そのものには、その直接の運動器官が付属しており、それらはわれわれの口や舌や手に対応するが、もっとずっと複雑なものである。この付属装置はおそらく甲殻類の場合と似た組立てをもつであろう。甲殻類の場合には同じ一般的な型の腕が触角と顎と手足の役に使われているのである。しかもそれらの付属装置は、精巧なマイクロ・マニュピュレーター（微細操作装置）のようなものから、かなり大きな力を出すことができるレバーのようなものまでの範囲にわたり、すべてが適当な運動神経によって制御されているだろう。さらにまた脳円筒に密接に結びついて音と色彩と電波とを発生する器官があるだろう。これらのほかにまた、われわれが今日もっていない型のいくつかの器官――自己修理用の器官――があり、それらは脳の制御のもとで他の諸器官、特に血液を供給する内臓的器官を修理し、それらをつねに有効に働けるように保つ。重要な傷害、たとえば意識の喪失をもたらすような傷害は、もちろんやはり外からの援助を必要とするだろうが、適切な注意を払えば、そのようなことは稀な事故としてしか起こらないだろう。

感覚器と運動器の延長

以上で述べた以外の器官は、脳との間にもっと一時的な結合しかもたないだろう。それらのなかには、さまざまな種類の移動装置があり、それらのあるものは歩行に相当するのろい運動に使われ、またあるものは急速な移動や飛行に使われる。しかし、総じて移動器官はあまり多くは使われないだろう。なぜなら感覚器の延長がそれらにとって代わるからである。これらの感覚器の大部分は身体からまったく離れた単なる機械仕掛であろう。たとえば遠隔視（テレビジョン）装置や、遠隔音響（テレアクスティック）感受器や、遠隔化学（テレケミカル）感受器や、あらゆる形の表面構造を検知する触角的な遠隔（テレ）感覚器（センサリ）などの送信部分がそうである。これらのほかにさまざまな遠隔運動（テレモーター）器官が、制御する頭脳から遠距離にある物を操作するだろう。これらの広義の諸器官は、ゆるい意味でのみ特定の個人に属する。いやむしろそれらは、それを使う人に使っている間だけ一時的に属するだけであって、他の人々によっても同様に使えるものとなろう。このように身体器官をどこまでも延長することができるため、ついにはさまざまな脳が相対的に一定の位置に固定しているようになるかもしれない。そして、このこと自体は安全性と条件の一様性という点から見て有利であり、比較的活動的な脳のみが観測と作業のために現場へでかけることを必要と考えるようになるかもしれない。

この新しい人間は、そういうものをまだよく考えたことのない人によっては奇妙な怪物のような非人間的生物のように見えるにちがいないが、この新人間は現在存在する人類の型の論理的な産物にすぎない。人体の仕組みをこのようにみだりに改造することは、困難であるばかりでなく不必要であるという主張、必要な制御の増大はすべて現在のままの人体の外部にきわめて敏感な機械仕掛を加えることによって達成できるだろうという主張がでてくるかもしれない。しかし、初期の段階では、外科的に改造された人間は実際には正常な健康人とくらべて性能が劣ることは考えられるが、そういう改造人間は死んだ人間よりははるかにましであろう。人類の本来の生理学的および心理学的構造が人類の発展を制限する要因になるまでにはまだかなりの道のりがあるということは考えられるが、人類は早かれおそかれそのような制限にぶつかるにちがいないのであり、その時になれば、このように機械化された人間ははっきり優位であることを示しはじめるであろう。通常の人類が進化の行きづまりに達し、機械化人間が、一見生物進化からの逸脱ではあるが、実は真の伝統をよりよく荷って進化を進めていくというわけである。

複合頭脳の形成

この進化の仕方の中にはもっとずっと根本的な脱皮が暗に含まれている。もし、脳の内部に終端をもつ神経を電気的な反応器に直接連結する方法が見出されれば、その神経を別の人間の脳細胞に連結する道が開かれる。もちろん、そのような連結は本質的に電気的なものであり、電線を通じてばかりでなくエーテルを通じても同様によく達成することができよう。最初はこの連結は、思考内容の伝達を従来より完全かつ経済的に行なうこと――そういうことが未来の協同思考においては必要だろう――のためだけに限られるであろう。しかしそれはそれだけで留まることはあり得ない。二つまたは三つ以上の頭脳の連結は、ますます恒久的なものとなってゆき、ついにはそれらの頭脳が二重または多重の有機体として働くようになろう。それぞれの頭脳は常にある程度の個体性を保ち、一個の頭脳の内部の細胞の網目は他の頭脳との間のそれよりも密度が高く、それぞれの頭脳は主に自分の個体的な精神的発達に専念し、他の頭脳とはある種の共通の目的のために通信するだけであろう。しかしひとたび多かれ少なかれ永久的な群体頭脳（compound brain）が生まれれば、今日の生命に不可避な限界のうちの二つが乗りこえられる。第一に、死は従来と異なりはるかに恐ろしさの少ないものとなろう。しかし死は以上で述べたような頭脳が支配する機構にとってもやはり存在するであろう。死は三百年かひょっとするとすれば一千年先へ延ばされるだけのことであり、脳細胞を最も好都合な環境のもとで生存させておくことができるかぎり引きのばされるのであり、永久に死なくなるわけではない。しかしこの多重個体は、天変地異でもないかぎり不死であり、その旧来の構成要素は、それが死ぬと自我の連続性を失うことなしに新しい構成要素によって置きかえられ、旧来の構成員の記憶と感情は死ぬ前に共通のストックへほとんど完全に移植される。もしこれが単に死を回避する方法にすぎないように思われるなら、われわれは次のことに眼を向けなければならない。すなわち、それらの個々の頭脳は、何らかの宗教の最も熱狂的な信者の献身をさえ完全に凌ぐような仕方で自分自身を全体の一部と感ずるだろうということである。たしかにわれわれは、このような状態をありありと想像することは困難である。それは文字通りの意味のエクスタシー（無我）の状態であろう。そしてこれが群体頭脳（compound mind）が可能にする第二の大変革である。われわれは、いかに強い感情をもとうと、自己を超越したり他人の心へ到達しようといかに努力しようと、つねにわれわれの個体性の諸限界を乗りこえることができない。ところがここでは少なくともこれらの壁が打破されるのである。すなわち感情が真にそっくり伝達され、記憶が共通に維持され、しかもそのさい個体の発展の自己同一性と連続性が失われないのである。ただし、一個の群体頭脳を構成するさまざまな個体が必ずしもすべて同等な機能をもたないばかりか、同じ等級の重要さをさえもたないということになる可能性はあり、そうなる可能性は大きくさえある。分業がまもなくはじまるだろう。すなわち、ある頭脳は他の頭脳の適切な機能を確保するという仕事を与えられるとか、ある頭脳は感覚の感受のために専門化するとか等々ということが起こるかもしれない。こうして、さまざまな頭脳の階層的な支配関係が育ち、一個の群体頭脳（compound mind）というよりは一個の複合頭脳（complex mind）と呼ぶほうが正しいものとなるだろう。

この複合頭脳は、寿命の延長とともに、知覚と理解と行動とを個体のそれよりもはるかに拡大することができよう。時間感覚を変えることもできよう――地質学的なスケールでゆっくり変化する事象が運動として知覚されるようになり、他方また物理的世界の最も急速な振動を感知することもできるようになろう。すでに述べたように、感覚器はますます胴体から離れてゆき、多数の補助的な純粋に機械的な運動装置や感覚装置が、生物体が侵入することができない領域や、生物体がその中では生きていられない領域へ貫入することができるようになろう。地球や星の内部や、生物自身の深部の細胞がこれらの手段によって意識のもとにさらされるようになり、またこれらの手段によって星の運動や生物の内部運動を支配することができるようになろう。

進化の終極

おそらくこれだけでも充分はるかな見通しであり、それより先の未来は未来自身に任せなければならない。とはいえわれわれは、われわれの想像力の限界を待たずにここで留まる必要はなかろう。これよりさらに未来にも、予見し得るいろいろな可能性が存在する。生命という過程の本性が今日よりはるかに深く研究されるだろうことは疑いない。生命というものを作るこ
とはほんの準備的な段階にすぎまい。なぜなら生命は、その最も単純な段階では、無生の世界とほんの僅かしかちがわないからである。単に生命を作るだけのことなら、われわれがそれをそれ自身で新たに進化させようとする場合以外には意味がない。そのような進化は、ホワイト氏が「アルキメデス」誌で述べているように、不可避的に長い時間のかかる過程である。しかし、われわれはそれを待っている必要はない。それどころか、人工生命はきっと人間活動の補助物として利用され、実験的目的以外には自由に進化することを許されないだろう。人間は、生命を作り出すことだけでは満足せず、それを改良しようとするだろう。自然が生命を作るために頼らざるを得なかった材料物質の各一種類に対して、人間は千種類の材料をもつだろう。機械化または群体化された人間は、生きた有機的な物質を今日の金属のように自由に使うことができ、しだいにこの生きた物質が群体人間自身の脳の記憶や反射行動等々のような比較的低次の機能のますます多くを代行するようになろう。身体の脳以外の部分はこの時期にはもうと

うに問題にならなくなって、脳自体もますます分解されて種々の細胞群または種々の単独細胞が複雑に連結されたものになってゆき、おそらくかなり大きなスペースを占めるようになろう。そのため運動性が減少するはずだが、このことは感覚器官の拡大のおかげで不利にはならないだろう。そしてあらゆる部分が修理や交換が可能になり、このことは本質的にみて事実上永久の生存を可能にするだろう。なぜなら、従来の脳細胞を人工合成装置と交換しても意識の連続性を破りはしないだろうからである。

この新しい生命は、自然界の好運によって産み出された生命より可塑的で、もっと直接的に制御でき、しかもまたいっそう可変的でいっそう永久的であろう。人類が祖先から受けついだもの――地球の表面に出現した最初の生命からひきついだもの――は、こうして少しずつ減ってゆき、ついには事実上まったく消滅し、おそらく何らかの奇妙な遺跡として残るだろう。他方、旧来の生命のもつ物質をまったく保存せずに旧来の生命の全精神を保存した新しい生命が、それにとって代わり発展を続けるだろう。このような変化は、地球の表面に生命がはじめて出現したときの変化に匹敵する重要さをもち、しかもそれと同様に徐々な変化で、いつからとははっきり見分けられないものであろう。最後に、意識そのものが人間世界の中で消滅してゆくかもしれない。人間世界が完全にエーテル化し、編み目のつんだ有機的構成を失い、電波によって互いに通信する空間の原子群となり、ついにはおそらく全く光に解消してしまうかもしれないのである。それは終末であるかもしれず、出発点であるかもしれない。しかし、それから先のことは見通すことはできない。

第四章　悪　　魔（THE DEVIL）

内なる悪魔

世界の無機的諸力とわれわれの身体の有機的構造とに挑む最初の二つの路線が、このように疑わしくて奇抜でユートピア的に見えるのは、いったいなぜだろうか？　それは、われわれがまず悪魔（devil）を追放しない限り世界と肉体を克服することができないからである。そして、その悪魔は、その個体性を失ってもなお以前と同様に強力である。悪魔は処理することが最も困難である。彼はわれわれ自身の内部にあり、われわれはそれを見ることはできない。われわれの能力、われわれの願望、われわれの内なる混乱は、現在のところ理解することも克服することもほとんど不可能であり、それが将来どのようになるかは、なおさら予言できない。現在の心理学は、アリストテレスの時代の物理学よりほとんど少しもましな状態にはない。心理学はすでに一揃いの用語を具備し、それによって意識的および無意識的な諸々の動機の運動と形態変換を記述しているが、それ以上にはでていない。しかしここでは、科学的分析が欠けているにもかかわらず、いくらかのことをいわねばならない。なぜなら有機的および無機的な世界について私が予言したあらゆる変化は、まず第一に、人間の心理的動機から出発し、人間の知能の働きを通じて実現するにちがいないからである。明らかにわれわれは、心理におけるある変化が人類の発展にしかじかの新しい方向を与えるなどと予言することはとうていできず、せいぜい今日知られている限りの抑制的要因の除去から何が生ずるかを予言することができるのみである。したがってここで私は、以上の二つの章で素描したような過程を阻止または遅延させている心理学的諸力の効果を推定することのみを試みよう。未来の進歩はもはや生理学的進化には依存せず、物質的宇宙に対する知能の反応に依存する。未来の進歩を妨げたり停止させるのは、創造的な知的思考を維持する能力の喪失か、または創造的な思考を人類の進歩に適用しようとする願望の欠如か、またはもちろんこの二つの両方の合わさったものである。そこでまず、創造的思考の能力を危うくする阻止因子を考えてみよう。そのいくつかは今でもわかる。それらが現在は思考の発展を阻止する力をたいしてもっていないことはかなり明らかだが、過去につねにそうであったわけではなく、将来そうでないと確言することもできない。

専門分化の克服

今日もっとも心配な阻止因子の一つは専門分化である。専門分化は科学知識そのものの増大とともに増大せざるを得ないがゆえ特に問題なのである。しかし専門分化そのものが科学的思考を停止させる力をもつかどうかは疑わしい。専門家が他の諸分野の現状に無知でいる限り、それは科学的思考の進歩を阻止するのであり、これを救う方法は明らかに、各人が自分の専門分野以外の知識のうち自分に必要なものを最小限の頭脳的努力で吸収することができるようにするための知識の等級づけと提供の巧妙なシステムをつくることである。この問題は本質的には戦場の軍隊への通信の問題と同じである。急速な進撃ののちには通信システムが解体し、それが再び整えられるまでは一時的な停止が起こるのである。

このように一定の目的のために知能労働を組織することは一つの根本的な変革を意味する。すなわち、それは食糧採集社会から食糧生産社会への変革とにている。現代の科学者は一種の原始的野蛮人である。もし彼が活動的で冒険心に富むなら、彼はただ一人でか、または小さな一隊を組んで獲物を追ってゆく。もし彼が勤勉で用意周到なら、彼は自分の身のまわりに天然物をかきあつめて道具立てを整える。しかし、好結果を得るためには、自分自身の技倆と自分の職業のもつ伝承とに頼らねばならないばかりでなく、自然の豊かさと同業者の少なさに頼らねばならない。好猟はあまり長くは続かないだろう。しかし、耕地のほうはもっと豊かである。

われわれは何百人もの労働者を何年にもわたって使う計画的で統制のとれた研究を企てることを強いられるだろう。そしてこのことは、各人の自主性と独創性を失う危険をおかさずにはなし得ない。これは重大かつ根本的な障害だが、二つの仕方でそれを克服することができよう。第一に、次のことが可能なはずである。すなわち、教育方法を改善して、事物の間に新しい連関をつける能力や、そういう頭脳活動が、きまりきった型の労働の遂行と両立しうるようにすること、言いかえれば、すべての研究労働者に、自己の提案によって研究のコース全体を補足したり修正することができる潜在能力を与えることである。しかしまた、独創性や組織力や勤勉さは将来も今日と同様に人々の間に非常に不均等に分布しているにちがいない。したがって、これは本質的に社会的な問題だが、人々に各人の受けもつ役割を適切に割りあて、かなり型にはまった仕事には、現在の条件のもとではとうてい科学労働者になれない人々を使い、また思考家たちが提出する首尾一貫しないアイディアを実行計画へ翻訳するために組織家を使うことが必要である。ペダントリーとビューロクラシイ――それは昔は愚かな尊敬心の現われだった――は、今では現実の危険である。しかし、ひとたびそれらの発生原因がわかれば、それらを消滅させることができる。

自然界の複雑さ

専門分化は科学が働く場の広さによってもたらされるものであるが、われわれが自然界にますます深く入ってゆくと、現象の内在的な複雑さが増大し、日常生活で使われる思考様式がそれらを扱うのにますます不適当になる。これらの深い問題を扱えるような能力をもつ人材が必要な数よりますます足りなくなり、天才の数を従来の十倍にふやそうとするようなあらゆる教育の効果は自然界の内在的な複雑さによって挫折する、ということは考えられる。しかし、実際にそうなるかどうかを知ることは不可能である。過去の経験から推測するに、自然は見かけほど複雑ではなく、理論と演繹的思考の価値と適切な言語やシンボルの効用が、これらの困難をそこへ近づけば近づくほど減らしてくれるであろう。

科学への幻滅

今日の悲観論者の目にどう見えようとも、専門分化や自然界の複雑さの中に進歩に対する主な障害があるようには思われない。主な障害はもっとずっと根深くずっとつかまえ難いものにある。バートランド・ラッセルは『懐疑論集』の中で、科学時代の終りが近づいていることを予言し、人々は物理学（フィジックス）から形而上学（メタフィジックス）へ眼を向けかえるであろう、なぜなら前者がさしだした希望は新しい半教養人以外には空虚であるように見えるからである、と述べた。おそらく、結局のところ一つの時代が創造的であるか否かを真に決定するのは希望である。ところがどんな時代にも社会における希望の存在そのものは、まださぐられていない多くの心理的、経済的および政治的な要因に依存する。私は問題となる諸要因が神秘的な次元のものだとは思わないが、それらの要因はときほぐすためにかなりの努力を払わねばならないものと思う。

天才と大衆

どんな文化にも心理的な決定要素が二つあるように思う。一つは平均人より多くの働きをする能力をもつ一握りの異常な個人であり、もう一つは人数の多さよりはむしろ伝統への執着の強さによって大きな影響力をもつ大衆である。正常な状態においては、前者は二つの仕方で大衆によって支配される。少数の異常人の自己表現様式はその社会で許される限りの様式によって支配される。どんな社会でも、もっとも人並みはずれた人物でさえ、世で認められる少数の自己表現形式の一つに従わねばならない。今日なら物理学者となるような型の頭脳の持主は、中世には神学者となったのである。第二に、一種の選択作用が働き、その時代の伝統がどの型が比較的価値と効用が高いかというようなことを決定する。すなわち、たとえあらゆる時代にさまざまな型の人物がつねに同じ比率で生み出されるとしても、たとえばインドでは冥想的な苦行者とか、アメリカでは精力的なセールスマンというようなある選ばれた型が有効なのである。世の大衆、いやもっと適切にいえば世の支配階級が、笛吹きに金を払ってどの曲を吹けと注文するのである。天才は時代の傾向に合致したときにのみ力をあらわす。この立場から見れば、われわれは今や、ピューリタニズムが要求し、数学と工芸が生み出した尊敬すべき慰安の時代の終末に近づきつつある。しかし、この時代が科学への終局的な不満を通じて中世の状態への復帰で終ってしまうことはなかろう。そういうことが起こる前に産業主義によって権力を握った科学が、今度は指導的な伝統になる可能性がある。

政治的要因と歴史の循環

政治的および社会的な事件も大きな影響をもつにちがいないが、それはあまり明白な仕方ではないだろう。政治的な混乱と長期にわたる平和とはどちらも確かに創造的思考に影響を与えるが、それらが、妨げになるか助けになるかは決して確かではない。古代アテナイやルネッサンスのイタリアや封建時代の中国と、ローマ帝国やスペイン帝国や中国帝国とを対照するなら、戦争は精神活動を積極的に助けるように見えるだろう。しかしこれとは正反対の例もたくさん見出すことができる。一般的には次のような説がなりたつかもしれない。すなわち、戦争が精神活動を鼓舞したように見えた場合にはつねに、それはほぼ対等なものの間の戦争であって、そのため災禍は人間の愚かさか邪悪さによるもののように見えた。他方、上記の諸帝国の場合には、平和は官僚主義的または精神主義的権威への服従を代価にして達成されたのであり、これらの権威は人間から自力に頼る精神と創造的能力を奪った、という説である。この説の当否がどうであれ、歴史的諸要因はかなり循環的な性質をもっていて、長い目で見れば互いに打ち消しあう傾向がある。ただし、ある一つの時代がそれ以前の諸時代が生み出したより多くのものを破壊したり忘却せしめて、そのため人間の進歩にある一定の絶頂がくるということはつねにあり得ることである。そのような絶頂は（すでに過ぎてはいないとしても）われわれが思っているよりも間近に迫っているかもしれず、人類は宇宙的な力によって破壊される前に進歩を停止するかもしれない。しかし、もっと確からしいと思われるのは、われわれが今や人類の物質的功業のおかげで循環的変化の新しい次元へ移行する境目にあり、それはわれわれを星の世界まで導くかもしれないということである。

田園牧歌か、知的進化か

一つの時代または一個の個人が創造的な思考を発揮するか、または反復的なペダントリーに沈滞するかは、知的能力よりは願望の問題であり、おそらく人類がさらに発達するか否かを決定するのは、彼らの能力よりは彼らの願望の性質である。ところで、現代は人類の願望の進化にとって非常に臨界的な時代であるように思われる。願望の本性がはじめて垣間見られるようになった時代なのであり、その垣間見が、われわれに二つの非常に異なる可能性を見ることを可能にしている。今日では、知的生活は、科学的な側面でも美的な側面でも、もはや合理的精神に与えられた天職ではなく、一種の代償であり、もっと原始的な充たされない願望の倒錯した姿であるとみられている。そこで、このような倒錯は進化の線に沿ったものであるか、または単なる一時的な病的な過程であるのかという問題がでてくる。もし、もっと健全な心理学ともっと自然に調和した生活様式とによって、純粋に人間的な——いやむしろ純粋に哺乳類的な——願望が今日抑圧のために科学や美術へ横流れしているあらゆるエネルギーを吸収することができるということが見出されるなら、人類はおそらく田園牧歌的なメラネシア的な仕方で、食ったり、飲んだり、友と交わったり、恋愛したり、踊ったり、歌ったりする生活をいつまでも続けてゆくことになり、黄金時代が地上に永遠に定着することになるかもしれない。他方つぎのような可能性もある。すなわち、現世から逃れて知的または美的な創造活動へ走りたいという願望と、そうする必要とは、賢明な心理学の適用によって弱められるかもしれないが、今日この二つの形の自己表現を妨げている内的葛藤からの解放は、それによって失われるものを代償してあまりあるかもしれず、そうならわれわれは、もっと充分に人間的であると同時に充分に知的な生活をする能力を見出すことができるであろう。この第二の可能性のほうがフロイト心理学の最近の発展にいっそう合致している。フロイト心理学は、精神を原始的なイドと、それが現実と接触することによって現われる自我（エゴ）と、その希望や理想を表現する超自我とに分けた。合理主義は超自我を支配的なパートナーにしようと奮闘したが、それはついに成功しなかった。この不成功は、その目標があまりにも高級すぎて原始的な諸力の放出を許さなかったことにあるばかりでなく、この考え自体があまりにも必然的根拠に乏しく、歪曲された原始的願望にあまりにも色そまっていたため、とうてい現実と対応するものになりえなかったからである。自然主義は、もっと漠然とした仕方で原始的な欲望に自由な働きを与えることを目指したが、これもまた失敗した。なぜ失敗したかというと、それらの欲望はあまりにも原始的で、あまりにも幼児的で、あまりにも内部矛盾が多いため、どんなに自由勝手な生活によっても満足され得ないものだからである。応用心理学の目標は、今ではむしろ、精神分析か教育によって超自我の理想を外界の現実と調和させること、そのためイドの力を利用しかつ無害化して、充分成熟した性欲が現実的な活動と調和するような生活をもたらすことにある。このような第二の道こそが、私がこれまで描いてきた機械的・生物学的進歩を、単に可能にするばかりでなく、ほとんど必然的にするのである。なぜなら健全な知的な人類は、バーナード・ショーの不死人のように形而上学的思考の循環をくり返していることだけでは満足せず、自己を現実に発現させ宇宙と自分自身を改造してゆくことを要求するだろうからである。そのような発展は芸術と科学と宗教とへの人類の関心を現在の型のまま不変に保っておくことはできないだろう。

科学と芸術と宗教の新しい総合へ向かって

予言が最も困難かつ最も魅力的なのはここである。心理学の影響のもとで、つぎのようなことが充分おこりうる。すなわち、科学そのもののあらゆる分野が融合して一個の統一的な世界像を形成しつつあるのとまったく同様に、人間の芸術活動と宗教的態度がすべて融合して人間の現実に対する作用・反作用の一個の総合的なパターンを形成することである。芸術があらゆる純粋科学に形態を与えるという考えは、必ずしもその代償として現在のあらゆる芸術を放棄することを意味せず、むしろ今日すでにはじまっている芸術の変換を完成させることを意味するであろう。一方では、一種の一般化された建築術——巨視的および分子的な建築術——の形で自己を表現する芸術が、科学の応用の無限の可能性に形態を与え、他方では、一般化された文学（generalized poetry）が、宇宙の理解についてのますます拡がってゆく複合性を表現し、さらにまた、心理学によって曇りを除去された宗教が、人間を宇宙を通じて、理解と希望の両面でかりたてゆく願望の表現として存続するという道である。

進歩に抵抗する諸力

しかし、進歩を望む願望が存在するか否かを考えるだけでは充分でない。なぜなら、この願望は、機械化がすでにもたらした全く現実的な嫌悪と憎しみを克服することができないかぎり効果を発揮しないだろうからである。しかもこの嫌悪ですら、本書で示唆した諸変革のうちの比較的温和なものについてさえ今日の人類の大多数が感ずるであろう嫌悪と比べれば問題にならないほど小さい。読者はすでにそのような大きな嫌悪を、特に身体の改造に関して感じられたことだろう。私自身もそのような改造を想像するさい、そのような嫌悪を感じたのである。これらの保守的な感情の有効さは次の二つの対立する要因のバランスによってきまる。問題となる諸変革は突然やってきはしない。その大まかな輪郭を上述のような順序で眺めてみるに、それらの本性から見て、それらの変革は過去がすでに示したようにますます加速度的にやってくるであろう。ところで環境の変化が急速であればあるほど、各人の頭脳がそれに適応することがますます困難になり、各人の感情的な反発がますます強くなるだろう。と同時にこれらの変革は、それらの変革にたずさわってそれらを実現してゆく集団にますます強力な力を与えるものであり、そのため現在までのところ機械をめぐる闘争において機械論者がつねに勝利を得てきた。しかし、いうまでもなくもし大衆の感情的反発が機械論者の力よりも急速に増大するなら、その逆のことが起こるであろう。機械文明が先天的にもつ技術的弱点、またはもっとずっとありがちなことだが、この文明が副次的な社会的調節手段を整えることに失敗することによってもたらされる機械文明の重大な危機は、あらゆる機械化に敵対する感情的諸要因の好餌となりやすく、われわれはそのような逆もどりに今日われわれが思っている以上に近づいているのかもしれない。最近出た二つの書物――オルダス・ハクスリー氏とD・H・ローレンス氏の最近作――は、互いに非常に異なる立場をあらわしてはいるが、どちらも、科学者の側では願望が弱まり空虚さの自覚がさし迫っていること、およびもっと人間的な頭脳の持主の側は機械というもの全体に背を向けていることを描いている。これと同じ考えはバートランド・ラッセル氏の著作にもう一つの角度から示されている。これらの著者たちは新しいバビロンの運命を真に予言しているのかもしれず、または単に永久に失われた過去を嘆いているのかもしれない。このような不確かな前途を前にしても、われわれ各人は自分自身の願望を追わざるを得ず、そのさい反対者のほうが自分たちに劣らず正しいのかもしれないということを認めなければならないのである。どちらが正しいかはやがてわかるであろうが、それは後世になってはじめてわかることなのである。

人類の二形分裂の可能性

さらにもう一つの可能性が残されている。それは最も思いがけないことだが、必ずしも最も可能性の少ないことではない。すなわち、人類に二形分裂（di-morphism）の形の進化が起こり、その中で人間化論者と機械化論者との争いが、どちらか一方の勝利によってではなく、人類の二分裂によって解決される、という可能性である。一方の部分は完全に調和のとれた人間性を発展させ、他方の部分はたえずそれを乗りこえる道を模索してゆく。しかしこの可能性を考えるためには、機械的な要因と生物学的な要因とを考慮にいれることが必要である。この両要因を心理学的要因を加えて総合することを、本書の結論の部分で試みよう。

第五章　総　　合（SYNTHESIS）

宇宙へ進出する機械化人間

以上で変化の主要な諸路線を別々にたどってきたので、残っているのは、未来の人類の進化の物理的、生理的および心理的な要素の間の相互作用を考察することである。最初の二つの間の関係を考えることは非常に容易である。すなわち宇宙への植民と身体の機械化とは明らかに相補的である。宇宙空間における生活の諸条件と地球上におけるそれとのちがいは、それだけでも人類にまったく通常の自然な進化的変化をひき起こすに充分である。そして、明らかに宇宙空間の諸条件は、生物的な人間にとってよりは、機械化された人間にとっていっそう有利である。もし人間が身体の多くの部分を除去され、酸素と水分に富む食糧とをかなり大量に摂取する必要から解放されることができるなら、宇宙空間の植民球体の細胞的構造は必要でなくなろう。このことが機械化人間に与える有利さは、比較的柔軟で裸な動物細胞が堅固な細胞膜をもつ植物に比べてもつ有利さと似ている。その上、高度に発達した複合頭脳という形態が充分に能力を発揮しうる場は宇宙空間のみであり、とくに時間的関係の拡大という点ではそうである。

ひょっとするとわれわれは、時間的移動が空間的移動と同様に容易になるような時間概念に近づきつつあるか、または結局はそれに到達するのかもしれない。しかしわれわれの現在の知識はすべて、われわれの願望とは別に、それが不可能であることを示唆している。たとえ時間と空間が対等なものになったとしても、未来へ一秒間進むことは十八万マイル旅行するのと同等である。しかし、たとえ時間の概念の根本的変化がなくても、機械化された人間の時間的能力はやはりわれわれのそれとはちがっているだろう。その主な特徴は拡大ということであろう。すでにサルの段階でも、動物の実際の現在は、過去と未来の短い部分にわたっている。筋肉への神経支配を通じての運動の予見と、神経インパルスの像を保持する記憶とは、現在という時点を一秒くらいまで拡げている。われわれはテニスをやっているときには常に、ボールの未来の位置の無意識な予言者なのであり、そのような未来を現在として考えているのである。人類の段階になってから、われわれは時間を主に後方へ記憶として拡大したが、前方への予見／炉日（プレビジョン）のほうは、科学知識の不足によって限られている。それは目下急速に拡大しつつあるが、それは意識的かつ知的なものであるために普通は予見とは見なされていない。しかし予見は明らかにますます演繹的になりつつあり、機械化された人間にとっては、直接に知覚される現在が過去と未来との数年間または数世紀を含むかもしれない。

　そこで、そのような人間の姿は次のようなものと想像することができる。すなわち、各人は比較的小さな一組の頭脳部分品組立て物の中にいわば生命の中核を宿していて、最小限のエネルギーしか使わず、それらの頭脳が、一個の複合的なエーテル的相互通信網によって結合され、かつまた外的な感覚器官を通じて莫大な空間的および時間的領域に拡がっている。そしてそれらの感覚器官は、それらの頭脳の活動領域と同様に、一般的にはそれらの頭脳自体から遠く離れた領域に存在する。こうして生命の舞台が温暖かつ濃密な惑星の大気圏よりも寒冷で空虚な宇宙空間へ拡がるにつれて、有機物質を全く含まないために温度と大気とに依存しないことの有利さがますますはっきりしてゆくだろう。

脱肉体人の心理的発展

しかし心理的な面の問題に目を向けると、ふたたび困難がでてくる。物理的なものと心理的なものとの相互作用は、現在のところ見積ることが非常にむずかしい。疑いもなく、もし近代の諸傾向が永続的な要素を含んでいるなら、将来の人間活動の大きな部分が宇宙をますますよく理解するという目的へ捧げられるであろう。人類またはその子孫は、おそらく純粋な科学研究に対して現在よりもはるかに多くの精力を注ぎ、原始的な生理学的および心理学的な要求をみたすためには現在よりはるかに少ない精力で足りるであろう。このことが将来の発展全体を特徴づけ、機械類は生産のためではなく発見のために組立てられるようになるかもしれない。実際、食糧やその他の生産のために多くの努力を払わねばならない必要性は、脱人間化の進歩とともに急速に消え失せるであろう。しかしこのような変化と比べてもっと大きいのは、生理学的な変化に必然的に伴うであろうすでに示唆したような諸変化である。

人間の心は、これまでつねに人間の身体および人間以前には動物の身体とともに進化してきた。心と身体の複雑なつながりは、われわれの想像を越えているにちがいない。なぜならわれわれは、われわれの立場のためにそれらを観察することを独特な仕方で妨げられているからである。どんな完全に穏当な生理学的または外科的な方法によるにせよ、身体の機能を変化させれば、心に二次的だが深遠な影響が生ずるにちがいなく、これらの二次的な影響は、今日予言できないばかりでなく、おそらくその生理学的変化が起こったときにも予言できないであろう。しかし、人類の進化にも自然の進化にも全面的にあてはまることだが、二次的な変化は一次的な願望や刺激に反応するさいには考慮にいれられないのである。言いかえれば、生理学的な進化の歩みは、おそらくそれに伴う心理学的な結果を考慮にいれずに生みだされるであろう。そしてそれらの心理学的結果は、もちろんその生物体を破滅させることもあるが、頭脳の能力と能率に思いがけない大発展をもたらすこともある。生理学的な要因と心理学的な要因とのこのように微妙なバランスのために、未来は現在に劣らず危険な転換点や落し穴にみちているのである。だから将来もつねに、しごく穏健な反動家がいて、われわれに向かって自然な原始的な人類の状態に止まるようにと警告することであろう。その原始的状態とは、たいてい人類のそれまでの文化史上の最後から二番目の段階を指すのだが。しかし、人類がすでになしたことの二次的な影響は人々を将来も現在と同様に押し流していくであろう。もちろん生理学的な転換に対応するかなり大きな心理学的な転換が起こるにちがいない。特に性本能は、今なおかなり直接的な満足感をもたらすものだが、将来はまるっきり変ってしまうだろう。おそらく、ある種の心理学的保存則があって、そのために性本能は今日までと同様に将来も全く抑圧されてしまうことはないと考えてよかろう。しかし性本能は何に変ってしまうのだろうか。その答は昇華の延長であるかもしれない。昇華という過程は現在は意識的な制御の外にあるが、いつまでもそうであるのではないかもしれない。性欲の一部は科学研究へゆくかもしれないが、もっとずっと多くの部分は美的な創造へゆくにちがいない。未来の芸術は、自由にしうる機会と材料とが非常にふえるために、現在とは比較にならないほど強い造形意欲を必要とするだろう。進歩の基本的な傾向は、無情な偶然的環境を意識的に創造された環境へ置きかえることにある。時が進むにつれて、自然を単に受け容れることや、自然を観賞することや、自然を理解することさえもが、ますます必要ではなくなり、その代わりに人間によって制御される宇宙の望ましい形態を決定することがますます必要になるだろう。この働きはまさしく芸術にほかならない。

セックスの昇華を超えて

複合頭脳の心理は、単独な機械化頭脳の心理とははるかに異なっており、その差異は後者とわれわれの心理との差異にほとんど匹敵するほど大きいにちがいない。なぜならそこには、心理の根底にあっておそらくセックスと比べてさえいっそう重要であるにちがいないものが関係しているからである。個別頭脳相互間の親密なコミュニケーションによって、自我の存在そのものが、進化史上はじめて弱められるであろう。そのさい、各頭脳の個別人格と全頭脳の共同人格との間のある種のつりあいが見出されねばなるまい。このことをわれわれは、自我と性衝動との間の葛藤を考えるときおぼろげに予想することができる。性衝動はつねに自我の孤立を打破して他の個体または集団に手を伸ばそうと努力するものである。もし感情をこのように他の個体まで伸ばすことがひとたび可能になれば、その結果は莫大で、おそらく圧倒的なものとなるにちがいない。このような共同人格が多数生まれるとき、それらはますます大きな複合体を形成してゆき遂にはただ一個の知能が存在するようになるであろうか、またはいくつもの複合体が互いに別個に進化して互いに争うようになるであろうか。空間的な事情から考えれば、概して第二の可能性のほうが起こりそうだが、コミュニケーションの莫大な増大と合理的行動の能力の莫大な増大という事情も考慮せねばならないのである。

感情の意識的制御

もう一つのいっそう深い心理学的な問題がここで起こってくる。いったい感情の未来はどうなるであろうか。感情は全く別なものに転化または昇華してしまうのであろうか。言いかえれば、未来の機械化人または共同体化人は感情的であるのか理性的であるのか。この点についてでは、われわれの道しるべになるものは非常に少ない。今日われわれは、近代的理知主義のもつ比較的な冷たさが、重要な発展のあらわれなのか、危険な抑圧のあらわれなのかを確言することはできない。たとえこの答がわかったとしても、それはたいしてわれわれの助けにならないだろう。なぜなら新しい人類はわれわれとは異なる生理学的なバランスをもっているだろうからである。このバランスは、われわれの場合のように個体と環境との制御されない相互作用のままにまに左右されてはいないだろう。感情——または少なくとも感情的心調（feeling-tones）——が意識的な制御のもとに置かれるようになることはほとんど確かである。すなわち、ある感情的心調が、ある特定の種類の操作の遂行を促すために誘起されるようになるだろう。もちろん、現状のような人類がこのように感情を制御する力をもつならひどく危険である。そうなら大多数の人は、おそらく多かれ少なかれ忘我的（ecstatic）な幸福の状態に留まっていることで満足してしまうであろう。しかし、未来の人間は、おそらく幸福は人生の目的ではないということを発見しているであろう。それ以上のことは、われわれには推測さえもすることができない。完全に機械化された生物の心理は神秘の領域に属するといわねばならない。

現在の立場から見れば、このような人類の進化のプログラムを遂行することはひどく無意味な仕事のように見えるにちがいない。しかし、今日の文明がアテナイの教養人の眼に自分の努力の結果が結局はこうなるとして示すに値するものに見えたかどうかは疑わしい。われわれは固定した心理と、さらにいっそう固定した知識を想定してはならない。われわれはわれわれ自身の願望する目前の未来を追求する。そして、その達成によってわれわれは従来とは異なったものになる。そうなることによって、われわれは何か新しいものを願望するようになる。こうして、進化そのものが停止しない限り、とどのつまりということはない。そのうえ、進化は最も進んだ段階においても、つねに瀬戸ぎわ的な歩みをやめないだろう。人類とその継承者たちを含む全体にとっての危険は、彼らの知恵が増すにつれて減少することはないだろう。なぜなら、より多くを知れば、より多くを欲し、より多くのことを敢て企てるようになり、そのような企てにおいて彼らは自分たち自身の破滅の危険を冒すだろうからである。しかしこのように敢て危険を冒し、このように実験を企てることは、実は生命の本質にほかならないのである。

第六章　可　能　性（POSSIBILITY）

人類の目的は？——人間社会と昆虫社会のちがい

ここまでくれば、人類の進化の大筋の総合的な全体像を描くことが可能なはずだが、たとえその全体像の各部分は詳細な点までもっともらしくみえようとも、あるはっきりしない意味でながら、その全体の姿はどうも信じがたく思われる。このような不信感には充分な根拠があるのかもしれない。なぜなら以上で示唆したことは、人類の完成というよりは、むしろ人類の変換、すなわち事実上新しい一つまたはいくつかの種（しゅ）（species 生物学的種）を作り出すことであり、それを作り出す仕方は昔から神聖視されていた進化の方法からの本質的な離脱だからである。

しかし、私の思うに、この未来図は、単なる可能性を示すものではなく、その通りまたはそれに似たものが起こる見込みがかなり多いのである。しかし私はこの考えを、未来についての空想によってではなく、現在作用している諸力の分析によって正当化しなければならない。そのための出発点としておそらく最有効な道は、「今日現に生きている人類の事実上の目的はいったい何か?」と問うことである。われわれは、「神の栄光のため」というような完備した答は排除することができる。なぜなら、そのような答は、たとえいかに正しくても、人類を神の創造した他の部分から区別しないからである。われわれが求める答は歴史学的かつ経済学的な答である。人類の社会は最近生まれたものであり、今日に至るまで本質的には協業的な食糧生産社会（co-operative food-producing society）として特徴づけることができる。——あるいはまた、生活に楽しみや慰安を与えるもの（comfort）の生産を含めれば、協業的な肉体満足社会（body-satisfying society）である。この点で人類の社会は昆虫の社会と区別される。昆虫の社会は、ホィーラーが指摘したように、本質的に子孫再生産社会（reproductive society）である。たしかに昆虫の社会は、子孫を確保するという機能の遂行の発展として食糧生産社会にまで進んでいるが、人類の場合のこれに対応する過程は、教育にますます配慮が注がれるようになったことである。しかし子供への献身が人間活動の主な源泉となったことはかつてなかった。今なお飢えとセックスが人間の生存の原始的な哺乳類的側面を支配しているが、今では人類はそれらを満足させることは充分できる見通しがついたかに見える。永久的な豊かさはもはやユートピア的な夢ではなく、永久的な平和の到来にかかっている。今日でさえ、修正された資本主義やソビエトの国家計画によって、全人類の一次的要求を満足させるに必要なものの生産と配給の問題は普遍的かつ知的な方法によって推進されつつある。利害を異にする諸勢力の愚かさや邪悪さのためにその達成は何世紀も遅らされるかもしれないが、それは次第に、しかも確実にやってくるにちがいない。

生物の進化との類比

さて、もしこのような状態が達成されるか、または達成に近づいたなら、人類はいったいどのようになるだろうか。固定化された昆虫社会のように規律正しい生活の永遠の享受に落ち着くであろうか。または、何らかの思いがけない偶然によって、新しい目的、食欲と色欲の満足を超えた新しい生存理由が現われるであろうか？　霊長類、ついで人類は、生きてゆくことがますます困難になっていった世界の中で自分たちの願望を満たすために知能を発達させた。この進化は、原始的な植物が餌を捕食する習性を発達させたことや、魚が呼吸という習性を発達させたことと似ており、それらの植物が、食うために生きる動物になったことや、それらの魚が、呼吸するために生きる動物になったのと同様に、われわれはやがて、生きるために考えるのではなく、考えるために生きるようになるかもしれない。しかし、この生物学的アナロジーには、ある非常に示唆に富む要素がある。今も海中にとどまっている魚は、今までに海からはい出した魚より多いのである。生物の進化過程というものは、普通は、ある一つの生活様式の個体全部を別の生活様式へ変換しはしない。自然は、一部の特別に恵まれた発展形態を拾いあげ、その新形態が、旧来の形態に代わって、それを犠牲にしてさえ拡がってゆくのを許すのである。もし人類が何か新しい形へ進化するとすれば、いったい人類全体がそれへ進化するのか、または人類の一部のみが進化するのかと問わねばならない。生物学的に類推すれば、もし人間が通常の生物種であるなら、後者の可能性が圧倒的である。しかし、たまたま今日人類は、その歴史上はじめて、事実上ただ一個の社会を形成している。そして、一個の社会の中から何か新しい変種（type）——特に孤立的な変種——が発展した先例はない。しかしもちろん、一つの社会から別の社会が生まれ出ることができるとすれば、その新しい社会は最初は古い社会の一部にすぎず、後になって次第にはっきりと分化してくるはずである。

科学者が人類を置き去りにする可能性

もし進化の可能性のみを考えることにして、人類全体が安定化して永久に振動的な生存を続けるという不可能ではない可能性を除外することにすれば、われわれは現状に照らして次の二通りの可能性を考えなければならない。すなわち人類は全部まとまって進歩するか、またははっきりと進歩的な部分と非進歩的な部分とへ分裂するかということである。今まで歴史上何度も何度も特定の一階級または特定の一文化が興隆して他の階級や他の文化との間に永久的な離隔ができたように見える点まで進んだ。しかし、この離隔は永久的ではなかった。当の支配集団が没落するか、またはその支配集団のもつ有利な条件が世にひろがって共通の資産となってしまったのである。その原因は不明ではない。第一に、支配者たちは大衆と表面的にのみ異なっていたのであり、第二に、彼らは人類を置き去りにして彼らと大衆との距離を増すような仕方で進歩していったのではなかった。現代の支配文化である西洋文化は、それがもっとも明確に世界を支配したとたんに、あらゆる東洋諸国で急速かつ成功裡に模倣されつつある。人類の分裂が起こりそうなのは、文化的支配集団や裕福な階級の形成という線に沿った道ではない。なぜならそのような支配者たちはより完全な人間性へ近づいてゆくだけのことであり、彼らが導くところへ人類全体があとからついてゆくだろうからである。新しい進化をひき起こすかもしれないのはむしろ科学的知能の特権階級である。彼らはこれまで数世紀にわたり、一人一人孤立してか、または小さなグループを作って散在していた。しかし機械革命とその帰結が、彼らの人数ばかりでなく彼らの相互の緊密さをも増大させた。世界は今後ますます科学専門家によって運営されるようになるかもしれない。アメリカや中国やロシアのような新しい国はすでにこの考えに意識的に適応しはじめた。学術団体はもちろん最初は助言的な役割をすると思われるし、将来もおそらくそれ以外のものにはならないだろう。しかし、進歩の歩みがもっと合理的な心理学の方向へ向かって進むにつれて、助言の力が増大し、それに応じて強制の力が減ってゆくだろう。このような発展は、それにともない私的利害という観念がほとんど必然的に人類全体についての考慮をいくらか含むように拡大されることと組みあわさって、現実の支配権を助言団体に集中させてゆくだろう。そうなれば、科学者たちは二重の機能をもつことになる。すなわち、世界を人々に生存と楽しみを保障する機構として維持してゆくことと、科学者たち自身のために自然界の秘密を苦労して解いてゆくこととである。その結果ダイダロスの夢とイカロスの運命との両方が実現するかもしれない。肉体の楽しみを享受し、芸術を嗜み、宗教を愛護してゆく幸福で繁栄した人類は、自分たちの願望をみたしてくれる機構を自分たちより能率的な他の人々の手に甘んじて委ねるかもしれない。心理学的および生理学的な諸発見は、支配階級に大衆を無害な職業に向ける手段と、完全な自由の外観のもとに完全な従順さを維持させる手段とを与えるであろう。しかしこのことは支配階級が科学者たちそのものでない限り起こり得ない。なぜなら、現在の支配階級がこのような仕方で支配する国家が生ずることはありうるが――その危険性が、バートランド・ラッセル氏をあのように戦慄させているのだが――、そのような国家は本質的に不安定でやがては革命が起こるにちがいない。その革命は、支配階級の次第に増大してゆく非能率さと、締め出された知識層の次第に効果的になってゆく反逆とによってもたらされるであろう。科学的な国家でさえも、非生物的および生物的な環境に対する支配力を絶えず増大させてゆくことなしには存続し得ないだろう。もしそれに失敗するなら、その国家は堕落してペダントリーにおちいり、完全に通常の階級国家となってしまう。これまでの諸章で私は、このような科学的進化が起こりうる仕方についていくらか述べた。それは宇宙への植民と、人体機械化という仕方であった。ひとたびこれらの進化が、とくに生理学的な面のそれがはじまれば、改造された人類ともとのままの人類との間に実際的な距たりができるだろう。科学者たちおよび彼らと同様な考え方をする人たち――技術者と専門家からなる階級で、おそらく人口の十パーセント程度を占めるだろう――が、人類の他の部分から分離するという仕方なら、人類の全部を改造しようとするなら起こるにちがいない闘争や困難が避けられ、しかもこのような根本的な変革が必然的に生み出すであろう敵対をある程度まで減らすことができよう。人類は全体としてみれば、もし平和と繁栄と自由が与えられるなら、一部の熱狂的だが有用な人々があえて自分たちの肉体を改造したり宇宙空間へ飛び出してゆくこともおそらく放置して置くにちがいない。しかも、やがて人々がその変化のあまりの大きさのために、これは大変なことが起こったと気付いたとしても、その時はもう遅すぎて、人々はそれをどうすることもできないであろう。たとえ、そのとき原始的な蒙昧主義の波が起こって世界から異端な科学を一掃したとしても、科学はすでに星の世界へ向かって独自の途を進んでいることだろう。

科学者の分離を抑えている要因

しかし、以上のような進化の姿を追っていたさい、われわれはもう一つの重要な問題点を無視していた。今日に至るまで、科学という累積的な建築物の建設は、学界からばかりでなく実際社会からの援助によって行なわれてきたのであり、科学者たち自身も一個の世襲的または閉鎖的な階級を形成してはこなかった。科学の進歩は二つの仕方で非科学者たちに依存している。

実験活動がますます複雑になるにつれて、科学の外からの技術的な諸要素の参加協力の必要が大きくなり、近代的研究所はますます工場に似てきて、純粋にルーチーンな仕事をする労働者をますます多数使うようになってきた。もし未来の進化が、その初期の諸段階においてさえ、私が以上で述べてきたような線に沿って進むとするなら、科学者に対するこのような経済的および技術的な助けの必要が今よりもはるかに増大するだろう。それよりさらに重要なことに、科学的な——とくに理論科学的な——思考の複雑さは、第一級の頭脳をますます多数必要とし、近代的な科学の発展は、科学のための人材をますます広い領域から補充することを可能にするような政治的経済的変革と切り離すことができない。なぜなら、赤ん坊や卵子を調べてそれが天才になるかどうかを判別する方法がわかるか、または適当な教育によってどんな赤ん坊からも天才を育てることができるようにならない限り、われわれは一般教育を普及させて有能な頭脳をすべて利用できるようにする方法に頼らねばならないだろうからである。

このような仕方で科学の人材を補充することが、人類の永久的な二形分裂（di-morphism）を防ぐ最も確実な方法である。なぜならこの方法は、分裂の防止にとっておそらく最も強力な要因である科学者自身の感情的保守性を強化するからである。今のところは科学者たちをよく観察しさえすれば、さしあたり人類が二つに分裂する心配はないことがわかる。科学者たちは、研究以外のあらゆる点で、非科学者同胞に似ており、彼らが新しい種に転化して人類の大多数を置き去りにしようとしているという説を聞かされたら、最も驚くのは彼ら科学者たち自身だろう。なぜなら彼らは、潜水艦だの爆雷だのを発明しているときでも、自分たちは人類のために奉仕していると思っているからである。連帯性の自覚——および、さらに強力な無意識的な連帯感——が、人類を一つに結合するものすごく大きい力をなしており、個々の科学者がこのような感情をもっている限り、人類の二形分裂は不可能であろう。

宇宙の科学人と地上の人間動物園の共存

しかし、科学者たちは科学の運命の支配者ではない。彼らがもたらした変化が、彼らの知らぬまに、彼らを自分たちが選んだのではない立場に追いやることになるかもしれない。彼らの好奇心と、そのもたらす結果は、彼らの人間性より強力であるかもしれないのである。

科学者たちが分離してゆくことに対する前記の二つの障害は、有力ではあるが、時とともに力を失うような種類のものであり、それに反し彼らの分離を促す力のほうはますます増大する傾向がある。科学者の役割の技術的重要さは、彼らに大量の資金を独自に運用する力を与え、彼らの現在のような托鉢僧的地位を終らせるにちがいない。ひょっとすると、あれこれの科学者団体がそれぞれ一つのほとんど独立な国家になって、彼らの大実験を外部世界に相談することなしに企てる力をもつようになるかもしれない——その外部世界は、それらの実験がいったい何の実験であるのかを判断する能力をますます失ってゆくのである。ただし、おそらくは、科学が実際に独立するようになるためには、世界の組織形態が現在のような半資本主義的な段階から完全なプロレタリア独裁へ進まねばなるまい。なぜなら、科学者団体が通常の資本主義的国家においてそのような大きな富と権力を与えられることは起こりそうもないからである。ソビエト国家（現在のソ連ではなく資本主義の攻撃の危険から解放されたそれ）においては、科学機関が本当にだんだん政府になり、マルクス主義的な支配機構のより進んだ段階が達成されるであろう。そのような段階では、科学者たちは、ごく自然に、一つの階級や民族や科学外の人類の進歩に対してよりは、科学そのものの進歩に対して深い結びつきを感ずるようになり、他方、人口の残りの部分は、道徳や政治よりは科学に最高の価値を置くような教育の普及によって、科学の進歩に対して今よりずっと反対しなくなりそうである。したがって、今日人類の分裂を阻止しているバランスが、ほとんど気付かれないうちに反対の方向に向きを転ずるかもしれない。そうなれば、問題は主にどちらが多数派になるかの問題となり、とくに人口の量と質が権威によってコントロールされるようになれば、まったくそうなってしまうだろう。一つの見方によれば、科学者たちが一つの新しい種となって人類を置き去りにしてゆくことになる。別の見方からすれば、人類——と言えるほどの大多数——が、全部まとまって変化し、あまりにも愚かか頑固なために変化を受けいれない人々を比較的原始的な状態に置き去りにしてゆくことである。この後者の可能性は、ふたたび生物学的なアナロジーを示唆する。すなわち、同一の世界の中に両方の型が共存する余地がないために絶滅という旧来の進化機構が働くかもしれない。そうなら、より優れたほうの生物が、自衛のために他方の生物の数を減らして、自分たちにとってたいして邪魔にならないようにしてしまわざるをえない。しかし、充分考えられることだが、もし宇宙空間への植民がすでにはじまっているか、またはそれがこれらの変化が起こっている最中にはじまるなら、たいへん好都合な解決法が与えられそうである。すなわち、人類——旧来の人類——が、地球を確実に占有し続け、宇宙空間の植民球の住民たちが地球人を好意的な尊敬の念をもって眺めてゆくという道である。こうして地球は、実は一個の人間動物園に転化してしまうかもしれない。——その動物園は、きわめて賢明に管理されているので、そこに住んでいる人たちは自分たちが単に観察と実験のために保護されているのだということを気付かない、というわけである。

われわれはどんな道を選ぶだろうか?

このような展望は両方の側をよろこばせるだろう。すなわち、科学者たちに対しては、知識と経験の拡大を求める野望を満足させ、人間主義者たちに対しては、地球上の幸福な生活を求める願いを満足させるであろう。しかしこの展望は、それがわれわれ自身の知識の線に沿った可能かつ可能性の大きな解決策であるという理由そのもののために、どこか弱点がある。われわれは実は、可能性の多いことを望んだり期待したりはしないのである。人はみな、宗教心の最も少ない人でさえ、未来を考えるときには、心の中に神風の待望（deus ex machina）のようなものを保持している。すなわち、何か超越的な超人間的な出来事が起こって、人間の助けなしに宇宙を完成または破壊へ導くようなことを心に留めているのである。われわれは、未来が神秘的で超自然的な力にみちていることを望んでいる。しかもこのような希望が、すでに物理的世界から全く締め出されたとはいえ、今日までこの物質文明を建設してきたのであり、今後もやはりそうし続けるであろう――希望と行動とが全く無関係になってしまわないかぎり。しかし、われわれはそれをあてにしていることができるであろうか？　そうではなく、われわれは今や人類の進化の方向を決定するカギをにぎったのではなかろうか？　われわれは今や、われわれの行動の効果と、それが未来にもたらすであろう帰結とを予見することができる立場にきつつある。われわれは、今なお未来をおずおずと眺めてはいるが、歴史上はじめて未来をわれわれ自身の行動によって左右されるものと感ずるようになった。こうなったからには、われわれは、われわれの最古の願望の本性に反するものから目をそむけるべきなのであろうか？　それとも、われわれの新しい力の自覚はもっと強力で、これらの願望を未来の建設に役立つように変化させてしまうのであろうか？

訳者あとがき

本書はJ. D. Bernal, *THE WORLD, THE FLESH AND THE DEVIL*, London, Kegan Paul, 1929　の全訳（ただし小見出しは訳者が付加したもの）である。原書の扉には「理性的精神の三つの敵の未来を探る」（An Enquiry into the Future of the Three Enemies of the Rational Soul）という副題がついている。この原書は、当時ケガン・ポール社から次々に刊行されていた「今日と明日」（To-Day and To-Morrow）というシリーズの一冊として出版された。このシリーズの企画はケンブリッジの言語心理学者C・K・オグデン——後にベーシック英語（一種の国際語）の創案者として有名になった人——によるもので、本書もオグデンの勧誘で執筆されたという。バナールは当時二十七歳で、ケンブリッジ大学の講師になったばかりだった。なお、この訳書四三ページに言及されているJ・B・S・ホールデンの人類未来論はこのシリーズの発足期の一冊に収められている（J. B. S. Haldane, *DAEDALUS, or SCIENCE AND THE FUTURE*, 1924）。

本書は、原書が出版された当時より、今日においてのほうが、はるかに示唆に富む書物ではなかろうか？　当時から今日までの半世紀の人類の現実の歩みを、本書の未来予測と比較しながら反省してみることは、今日のわれわれにとってまことに示唆に富む。いやむしろ、読者は誰でも本書を読みながら、各人各様にそのような比較と反省が自分の頭を去来するのをおさえることができないであろう。

本書に含まれる予見のどの部分が的中し、どの部分が的外れだったかということは、あれこれの個別的な技術的な事項を別にすれば、概して未だ的確な判断を下すには時期が早すぎる。今日のわれわれにとって第一の課題は、半世紀前に提出されたこの予見と、それを支えていた思想とに*、今日のわれわれからみて、どんな盲点や弱点や偏りがあるのか、という問題であろう。

＊　彼の生涯の思想の特徴を類型的用語で端的に評すれば、「知識は力である」というコトバで有名なフランシス・ベーコンと、『空想から科学への社会主義の発展』の著者エンゲルスとの総合と言えようか。エンゲルスは人類の歴史（未来も含めて）を宇宙の自然史的過程の一環として見る傾向が強かった点で共産主義の他の開祖や指導者たちとやや異質だったように思う。

なお、本書には昨今重大化してきたような環境汚染・環境破壊への警告的予見は乏しい。バナールは後に『歴史における科学』や『戦争のない世界』などで、地球表面（気圏・水圏・地殻）の物質の循環を考慮にいれた全産業——とくに化学工業——の総合的な管理と計画的開発の必要を唱えたが、これも主に資源の浪費を防ぐための議論で、彼の関心の重点は自然環境の保全よりは積極的な自然改造のほうにあり、しかも、そのさい彼が社会主義的計画経済の発展に対して寄せた期待は社会学的にも生物学的にもやや甘すぎたようで、この点では彼は結局旧来の常識的マルクス主義者の思想のワクをでなかったように思われる。とはいえ、昨今重大問題化してきた種々の公害の主要な責任は科学技術そのものにあるわけではなく、人口増加そのものにあるわけでもない。既存の科学技術を公害を起こさないような仕方で賢明に利用することと、その線にそった科学技術の進歩とを妨げている元凶は、現代の高度資本主義諸国の政府の政策とそれを支えている社会体制にある。その点への認識では、バナールの思想は今日なお決して時代おくれになってはいない、と訳者は思う。それゆえに、もし読者が今日本書を読んで、ここに物理学的な自然観とマルクス主義的な社会観との結合のなれのはて（に対する幻滅または予想的中）を感じられたなら、本書は読者に対して自己の思想と生活との根本的再検討を促す絶好の刺激となりうるであろう。ともあれ今日われわれにとって肝要なのは、ベーコン・ガリレオ・デカルト以来の近代科学と理性的精神からの退却と絶望にうちかつことである。もっとも、科学の進歩や物質文明の発達への失望・幻滅などというものは、機械文明への甘い期待と同様に、十九世紀末にも今日においても、それを唱えたりそれに共鳴する人々によって心底から抱かれた幻滅や楽観であったことは稀のようだが。

本書のもつもう一つの思想的問題点は、進化の終極に関する推測（五四―七ページ）にある。この点は、著者が晩年に『歴史における科学』第三版の序文でテイヤール・ド・シャルダンの思想への共感を記している点とも符合する。このような推測は、宇宙物理学的興味はともかく、宇宙観・生命観としては、古代インド哲学と仏教・ヒンズー教の宇宙観・生命観と本質的に共通しており、キリスト教文化圏の現代人にとっては魅力的かもしれないが、東洋人の多くにとっては陳腐に近いのではないか？

訳者がこの原書にはじめて強い興味をもったのは、彼の『戦争のない世界』（初版一九五八年）の翻訳に取り組んでいたとき、「三十年前、私がもっとイマジネーションに富み、もっと責任が軽かったときに、私は人間が不死になる可能性を一冊の小著で予見した」というコトバにであった時だった。それから十年後にやっとその小著を手にした私は、そのなかに彼のその後のさまざまな科学研究と著作と実践活動との基本構想がすべて出揃っているのに感心すると同時に、彼のその後の数々の著作よりこの処女作のほうがやはりイマジネーションに富んでいるなと感じた。

今日われわれの眼前には、きわめて広範かつ深刻であることがますますわかってきつつある生物学的環境汚染の問題と、いわゆる公害を別にしても高度産業化社会（とくに資本主義下のそれ）がもたらしつつある人間疎外の問題があり、社会主義諸国の従来の実績もわれわれを大して鼓舞するものではなく、しかもアメリカのベトナム戦争政策は目下再びエスカレートさえしている。皮肉にもわれわれは、これらの問題と真剣に対決しようとすればするほど、かえってますます眼前の大問題の困難さに圧倒されて、視野が狭められたり想像力を萎縮させられがちになるように思われる。若き日のバナールのこの処女作が今日のわれわれに対してもつ最大の価値は、このようなわれわれの眼を社会的現実からそらせることなしに視野の拡大と想像力の賦活への刺激を与えてくれることにあるのではないか？

右のことと表裏をなすことだが、本書に含まれる多種多様な具体的問題についての予見や着想は、われわれ各人に各自の体験や知識に即して、それらの問題を考えるヒントを与えてくれる。すなわち、宇宙開発や巨大科学とか、人工臓器とかのような問題ばかりでなく、たとえば料理術の進化の話（一五―六ページ）とくらべて近年のインスタント・ラーメン*の普及を考えてみるのもおもしろく、他方もっと科学者的な人たちにとっては、たとえば人体の改造的進化の高次の段階についての予見（四九ページ、五六ページ）をフォン・ノイマンの第二種の自己増殖機械の数学的理論の構想**と比べてみることや、心理の進化について著者がフロイトの性欲昇華説に共感を示しつつ「おそらく、ある種の心理学的保存則があって……」（八〇ページ）と書いている個所に注目して、はたして性衝動やその他の心理的本能に物理学上のエネルギー保存則に似た数理的保存則が成り立ちうるのか否かを反省してみるのもおもしろいだろう。ともあれ、われわれの知識や想像力に対するこれらのような具体的な刺激や挑発は、近年のユートピア的未来論にも反ユートピア的風刺文学***にもあまり含まれていないのであり、こういう点でも本書は意外にユニークな書物のように思う。

* インスタント・ラーメンは、もちろん合成食糧ではないが、新種の食品に近く、これに対しソバやウドンのインスタントものは旧来のソバやウドンのインスタント化にすぎず、味も舌ざわりも旧来のものに劣るだけのように思われる。

** John von Neumann, *Theory of Self-Reproducing Automata,* University of Illinois Press, 1966.

*** ジョージ・オーウェルの『一九八四年』は、本書のある側面の風刺文学化ともいえるし、オルダス・ハクスリーの『すばらしい新世界』はむしろ前記のJ・B・S・ホールデンの小著の風刺文学化である。これらは本質的にいって社会風刺・文明風刺作品であり、他方いわゆるSFの類は概して知的な遊戯といえよう。

本書は、いろいろに読める書物だから、以上の「訳者あとがき」は読者にとって少々目ざわりで、もっと簡略にすべきだったかもしれない。付録として、著者の略歴を精々簡明にまとめてみた。

一九七二年四月

訳　者

J・D・バナール（John Desmond Bernal）略歴

一九〇一年五月一〇日　アイルランド中南部のニーナ（Nenagh）に生まる——当時アイルランド島はイングランドの属領で、一九二〇年にやっと北部を除き自治領になった。少年時代の学校教育はほとんどイングランドで受けた。

一九二二年　ケンブリッジ大学卒業（M・A）。

一九二二年　結婚。息子二人をもうけた。

一九二三年—二七年　デーヴィ・ファラデー研究所（所長ウィリアム・ブラッグ）に勤務。

一九二七年—三四年　ケンブリッジ大学講師（構造結晶学）。

一九三四年—三七年　ケンブリッジ大学結晶学研究室副主任。

一九三七年　英国学士院会員（F・R・S）となる。

一九三八年—六三年　ロンドン大学バークベック・カレッジ物理学教授。

一九六三年　同カレッジ結晶学教授に転じ、病気のため六八年退職。
一九七一年九月一五日　死去。

科学研究業績

ブラッグ父子が一九一〇年代に創始したX線回折による結晶構造解析の方法を開発し、固体や液体やコロイド（粘土やコンクリートなども含めて）の内部構造、ビタミン、ステロイド・ホルモン、タンパク質、ウイルスなどの分子構造の解明に先駆的ないし指導的役割を果たした。彼の直接、間接の弟子の中から、一九六〇年代前半にノーベル化学賞や医学生理学賞の受賞者が多くでた（ペルツ、ケンドルー、クリック、ウィルキンズ、クローフート・ホジキンなど）。

政府公務関係

第二次大戦中にイギリス国内治安省および航空省の科学顧問として、防空問題に取り組む――このなかでP・M・S・ブラッケットと共に、今日いうO・R（オペレーションズ・リサーチ）の創始に指導的役割を果たした。一九四三年八月、統合作戦本部長マウントバッテン将軍の科学顧問としてケベック会談に参加。一九四五年、ドイツ降伏にともない建設省科学諮問委員会委員長に任命され住宅再建政策に尽力、一九五六年まで建設省の建築諮問会議議員を務む。

在野の社会運動関係

一九三八年、ブリュッセル国際平和会議科学部会議長。一九四七―九年、イギリス科学労働者協会（ＡＳＷ）会長。一九四八年創立の世界科学労働者協会（ＷＦＳＷ）副会長。一九五〇年創立の世界平和評議会（会長ジョリオ・キュリー）の副会長となり、一九五八年のジョリオの病死ののち、同評議会の会長職に代わる代表委員会議長となり、一九六五年七月辞任。

主な著書

一九二九年　本書

一九三九年　*The Social Function of Science*（坂田昌一・龍岡誠・星野芳郎訳『科学の社会的機能』創元社
——これはわが国で終戦後まもなく紹介され、戦後の大学研究室民主化運動に大きな影響を与えた。一九八一年、勁草書房より再刊。）

一九五一年　*The Physical Basis of Life*（山口清三郎・鎮目訳『生命の起原』岩波新書）
一九五三年　*Science and Industry in the Nineteenth Century*（菅原仰訳『科学と産業』岩波書店）
一九五四年　*Science in History* 初版——一九五七年第二版、一九六五年第三版（鎮目訳『歴史における科学』みすず書房）
一九五八年　*World Without War* 初版——一九六〇年第二版（鎮目訳『戦争のない世界』岩波書店）
一九六〇年　*A Prospect of Peace*（藤枝澪子訳『平和の展望』合同新書）
一九六七年　*The Origin of Life*, London, Weidenfeld and Nicolson.
一九七二年　*The Extention of Man*（林一・鎮目訳『人間の拡張』みすず書房）

新版への解説――未来を切り拓くヴィジョン

瀬名秀明

「SFとは未来の文学である」――このように述べるとき、ここにはふたつの意味が重なっている。ひとつは「未来を舞台とした文学である」という側面、もうひとつは「未来を切り拓く文学である」という側面である。学生時代に友人から「賢人（セージ）」と渾名された本書の著者J・D・バナールは、まさにこのふたつの側面を生涯見据え、追求し続けた科学者であったと思う（セージとはバナールの出身地アイルランドの象徴色、香辛料セージの緑色も掛けている）。

バナールはX線結晶構造解析のパイオニアであり、分子生物学の礎を築いた。だが彼は同時に、科学と科学者の果たすべき社会的責任をつねに考え、未来をつくろうとした思想家、活動家でもあった。すなわち今日の言葉でいえばヴィジョナリストだった。

本書『宇宙・肉体・悪魔（*The World, the Flesh and the Devil*）』は、バーナード・ショーやH・G・ウェルズを読んで育ったバナールが、一九二九年に初めて著した書物だ。私たち人間には物理的、身体的、社会心理学的制約があるが、いずれ人類は重力の壁を振り切って宇宙へ進出し、自ら肉体を改造、または機械と一体化して身体性を拡張し、不死に近づき、さらには肉体の限界を超えて群体頭脳となり、私たちの心理に巣くう〝悪魔〟さえもいつか克服して大きく〝進化〟してゆくだろう——本書の主張はイギリスのSF作家オラフ・ステープルドンやアーサー・C・クラークに絶大な影響を与え、その精神性はさらに彼らの小説作品を通して今日まで多くのSF作家、SF愛好者に受け継がれてきた。つまり本書は現代SFのルーツだといってよい。たとえバナールや本書の名を知らなくとも、本書を一読すればこれまで何気なく接してきた多くのSFアイデアがすでに書き記されていることにきっと驚かれるはずだ。

SFとはサイエンス・フィクションの略称であり、成熟とともにその視野も広がっていったが、いまなおSFに期待される大きな役割として、人々の想像力を鼓舞し、科学技術の成果に基づく思索を促し、未来に向けてのヴィジョンを提供する、という側面があるだろう。私たち人間は、身の危険を察知して逃れるといった短期的予測は生得的に可能だが、もっと遠い「未来」をうまく想像することはできない。だが本当にそれは不可能なのか。人間はいつか壁を突破して、真に未来を想像し、創造できるようになるのではないか。

このように私たち人類は「未来を扱う科学」の望ましい姿を求め続けてきた。バナールの先見性、科学思想上の意義は、そうした人類全体の希求心を総合的に捉えてまとめ、人々に示したことにある。なぜバナールは一九二九年という時代に本書のような予言的書物を書けたのだろう？「近代ロケットの父」コンスタンチン・ツィオルコフスキーが世界初の液体ロケットを打ち上げたのは一九二六年。惑星間航行がようやく一部で真面目に議論され始めてきたくらいの時期だ。しかし本書にはホールデンやラッセルなど著名科学者・思想家の名が引用されているように、おそらく個々の分野で、先進的未来像はすでに語られていたのだろう。バナールはそれらの分野を横断し、俯瞰して、人類が超克すべき三つの敵として明示し、総合的に科学と人類の未来を探求した。専門知を超えた「総合知」の萌芽である。

先に記した作家ステープルドンは、第一長編『最後にして最初の人類』（一九三〇）で数十億年にわたる人類の圧倒的な〝進化〟の歴史を幻視しており、バナールとの共鳴は必定であったろう。姉妹編『スターメイカー』（一九三七）では人間の精神が宇宙を翔け巡り、やがて宇宙の高次の精神存在と一体化する過程が描かれるが、明らかに本書の影響が見られる。そしてそれらを読んで育ったクラークは、後の代表作『幼年期の終わり』（一九五三）や『都市と星』（一九五六）でステープルドンを継承し、その圧倒的なヴィジョンによってSFを発展させた。クラークが実際にバナールを読んだのは一九五〇年代に入ってからのようだが、「もっとも素晴らしい科学的予測の試みであった」と激賞の言葉を遺している。

本書における物理的・身体的制約を超えて宇宙へと人類が進出してゆく予測は戦後から一九六〇年代に至るサイバネティクス、サイボーグ（サイバネティクス・オーガニズム）論へと直接つながる。宇宙コロニーの建設も真剣に検討された時代があった。一九五三年のジェームズ・D・ワトソンとフランシス・クリックによるDNA二重らせん構造の発見は、まさにバナールが築いたX線結晶構造解析研究がもたらした成果であるといえるし、一九七八年には体外受精も成功し、生命科学と生命倫理の新たな地平が拓かれた。しかしバナールの本当の功績はそうした個々の未来予測だけではないと思う。科学が未来をつくるとはいったいどういうことなのか――バナールは一貫してその問いを発し続けたのである。

バナールは本書で人類の〝進化〟について語っている。いまでは科学の領分をはみ出して神秘主義に入り込んでいると感じる方もいるだろう。本書における〝進化〟の用い方は、今日の科学的見地に照らせば誤用だが（進化とは「よりよく進歩する」という意味ではない）、ある時期までクラークを含め多くのSF作家が本書のような意味での人類の〝進化〟を追求してきたことは歴史上の事実だ。つまり私たちはこの一〇〇年で科学的理解をより洗練させ、本書の記述の一部が古い価値観によるものとわかるようになったわけだが、そこへ至るまでには人類の不断の努力があった。

本書の終盤にはソ連（マルクス主義）に対するバナールの期待も書かれている。バナールはファシズムが欧州を覆い尽くそうとしていた一九三九年に『科学の社会的機能（*The Social Function of Science*）』を著し、また戦時中の体験を経て、世界の科学者が集って政治的役割を果たすべきだという考えにいっそう傾き、科学者組織の設立に動いた。とりわけソ連の科学者と交流した。科学と社会に関する彼の著作は戦後の知識人に広く読まれた。

私たちはいまも震災や新興感染症の流行など多くの社会的危機に見舞われている。そうした非常時には専門家と行政の働きに批判が集中しがちだ。この社会の混乱は政治家が科学の素人だから生じた失策ではないか。もしも科学に精通した者が直接に政策決断できれば、もっとすばやく、もっとよい対応ができたのではないか。私たちはそう夢想することがある。だがそれは果たして正しいだろうか。

バナールの理想がいま実現しているとは思えない。バナールはソ連のルイセンコ主義を支持したが、結局ルイセンコ学説は誤りであり、歴史的に見てソ連は政治運動に失敗した。有事の際、専門家はあくまで自らの科学分野の専門家として提言する立場をわきまえ、そして政治家は科学者がときに間違うことも心得つつ、政治の専門家として政策決断を下す――そうした役割分担こそが何よりも大切なのだと私たちは理解するようになってきたはずだ。むしろ政治家が中途半端に科学を知っていたら、自分の過去の専門知識に囚われて、確証バイアスに嵌まって誤った政策決断をしてしまうかもしれない。よって私たち人類にとって本当に必要なのは、各々の専門家同士がひとつのテーブルに集まったとき、そこにこそ真の「総合知」が生まれるよう、不断の努力をすることなのである。

このようにして見ると、バナールが二〇代で書いた、彼の後の経歴から見ればむしろ小著とさえいえる本書には、いまなお重要な指摘がいくつもある。たとえばバナールはいつか人類が肉体を超えて高度な群体頭脳になるだろうと述べている。群体頭脳は今日のインターネットや、AIの発展によるシンギュラリティ到来論を想起させる。だが一方で、私たち人間の〝人間らしさ〟は精神と身体の両方で成り立っていることもわかってきた。転機のひとつは、たとえばアントニオ・ダマシオが一九九〇年代に唱えたソマティック・マーカー仮説だろう。私たちの意思決定には情動的身体反応が多分に関与しているという視点である。こうした考え方は現在の最先端のロボット学（ロボティクス）やAI研究に影響を与えた。ロボットもまたコンピュータによって制御されるわけだが、脚腕などの身体性を持つロボットには、ロボットとしての倫理があるのではないか。本当にＡＩは身体性から解放された知能となり得るのだろうか。現在はまだロボット倫理とＡＩ倫理の研究はさほどクロスしておらず、ロボット倫理といえば自動運転中の事故の問題、ＡＩ倫理ならプライバシー監視の問題などと課題が分かれているが、身体性の限界と可能性という観点から今後はもっと統合されてゆくべき分野だろう。ＳＦ作家アイザック・アシモフはロボット学の三原則（The Three Laws of Robotics）の提唱者だが、後年の作品で人間学の三原則（The Three Laws of Humanics）の可能性に言及した。つまりこれは狭義の「工学」だけの問題ではない。より総合的な「ロボット学（ロボティクス）」と「人間学（ヒューマニクス）」の問題である。ヒトとロボットは本当に区別できるのか、シンギュラリティは本当にやって来るのか、といったことが論じられる現代において、ロボット倫理やＡＩ倫理は人間倫理の問題と本質的に同等なのである。

　本書には「バランス」という表現が何度か出てくる。私たち人間のセンスは科学、芸術（アート）、哲学の三つのバランスで成り立っているのだと私自身は思うが、どのようなバランスのあり方がもっともよいセンスなのだろう。もし本書が示すように機械との同一化や群体頭脳化が進めば、エゴもなくなり、個々人の感情も消えてしまうのだろうか。ではそうなったとき、いったい何が幸福なのか。

　クラークの『幼年期の終わり』の終盤で、メタモルフォーゼを遂げて宇宙的精神と一体化した新世代の子どもたちは、しかし死人のように虚ろな顔で奇妙な踊りを続け、旧世代の大人からすればまったく幸せそうに見えない。バナールは本書で「未来の人間は、おそらく幸福は人生の目的ではないということを発見しているであろう」と書いている。進化を遂げた人類の幸福は、旧人類には理解できないだろう、論じても無意味だということだ。しかしそれは本当に無意味だろうか。

ここに至って私たちは「真の〝人間らしさ〟とは何か」という問いに直面する。進化という生命の本質の前では、いま現在の私たちが考える人間の幸福など、取るに足らない刹那的な問題に過ぎないのか。

進化に目的はない。これが現代科学の基本的な考え方であり、バナールの時代からもっとも変容した価値観だろう。では、幸福とは普遍のものだろうか。私たち人間は、短期的視点では「よりよい社会を築こう」とつねに願ってきた。未来とはそうした一瞬一瞬の倫理観の積み重ねによってつくられる。いま私たちは自然と共生し、社会と折り合いをつけ、他者と寄り添い、他者を思いやりながら生きている。バナールは本書で三つの「理性的精神の敵」を示したが、実際はその三つそれぞれにおいて、私たちはある部分を克服し、またある部分ではいまなお克服しようと努め、また別の部分では共存の道を探りながら生きている。ひとつ確かなのは、こうしたことを考え続けるのが何よりも〝人間らしさ〟であり知の靱さだということだ。バナールが本書で指摘した三つの「敵」

こそ、裏返せばそれが〝人間らしさ〟の特徴でありまた本質でもあるのだ。ではその〝人間らしさ〟と幸福は普遍のものか。私たちはいまその問いに直面する時代を生きている。

歴史を振り返ると、ＳＦの想像力はときに歪んでナショナリズムや宗教活動と結びつき、社会に脅威を与えたこともあった。人間の超克を唱えたバナール自身の思想さえそうした負の側面を生み出す宿命にあった。ＳＦ読者はこうしたＳＦの負の側面に対して見て見ぬふりをしがちで、自分は関係ないとの立場を採りたがる。ＳＦ文学研究や科学技術社会論（ＳＴＳ）でもほとんど検討されることはない。だが本当はこうした過去にも目を逸らすことなく、私たちは謙虚に科学と芸術と哲学のバランスを考えて生きてゆくことが大切だ。いまバナールを読む意義はここにある。

最後にもうひとつ、バナールの功績を紹介しておきたい。彼は今日でいうところの「サイエンスコミュニケーション」の先駆的提唱者でもあった。先に示した著作『科学の社会的機能』には「科学のコミュニケーション」という一章さえあり、バナールはここで科学の再編成は行政的、財政的な改革だけでなく、科学のコミュニケーションも広範囲に再構成することが必要だと述べた。Ｈ・Ｇ・ウェルズの『世界史概観』（一九二二初版）を引きつつ今日の Wikipedia を想起させる以下の部分は興味深い。

（前略）真の百科全書は *Encyclopaedia Britannica* のなれのはてのようなもの、すなわち高圧的な押し売りで販売される、たんなる無関連の知識の集積であってはならず、生きた変貌しつつある思想体系の首尾一貫した表示でなければならない。それはその時その時の時代の精神を総括すべきである。（坂田昌一・星野芳郎・龍岡誠訳。勁草書房、一九八一年版、三〇一頁。以下同）

未来の総合知への期待がある。実際私たちはちょっとした調べものでウェブ上の共有知 Wikipedia の恩恵を受けているが、実際に何か新しく研究執筆する際の資料としては残念ながらまだ信頼性に欠ける。バナールの願った一側面しか実現されていない。もっとより確かな、より未来の「真の百科全書」の姿があるはずだとバナールは述べているかのようだ。またこの章で彼は、科学者同士のコミュニケーション、すなわち論文発表や実際に会って議論することの重要性に加えて、科学者と一般市民間でのコミュニケーションの発展も説いた。これらの問題はいっそう切実なものとなりつつある。

私たちはインターネットですばやく情報共有できる社会をいま実感しつつ、一方では新興感染症の世界的大流行といった有事にはもはや人間が読み切れないほど大量の論文が発表され、しかも少なからずは査読を受けていないプレプリントの状態でサイトに投稿され、ＡＩ（人工知能）の助けを借りなければ全貌を把握できない現状に直面している。情報のスピード感とその量に、従来の〝人間らしさ〟が追いつけない時代になった。そうなったときいかに私たちは〝人間らしさ〟の本質を確保しつつ最善の判断を下せるだろうか。理性の新たなかたちが求められている。また人類は絶え間ないグローバル化の欲求によって図らずも地球環境を大きく変化させてしまった。「時がたつにつれて人間によって決定された宇宙の部分の方が、自然のままの宇宙の部分に比べて、ますます重要になってくるであろう。だがその部分は、より急速に建設されることになるから、それは当然より不安定であって、人間が自分の創造物によって破滅させられるのを防ぐためには、もっと徹底的で注意深い理解を必要とするであろう」（三三七頁）とバナールが予見した世界にいる。

それでもバナールは「科学は社会改革の主要な因子である」との信念を崩さなかった。『科学の社会的機能』の「人間に奉仕する科学」の章の末尾はいまなお私たちの心を打つ。たとえ物理的、肉体的制約を超えてさえ、最後に私たちが直面するのは社会的制約なのだ。

（前略）どうすれば社会的・知的発展の最大な可能性を確保できるか？　これらが、現代の最も重要な問題である。これらを解決するためには、まず第一に、科学の分野を大いに拡張することが必要である。物理学的ないし生物学的知識がどんなに豊富でも、それだけでは不充分である。

問題の解決にたいする障害は、もはや主として物理学的あるいは生物学的なものではない。それらは社会的な障害である。社会的な障害を克服するには、まず社会を理解する必要がある。だが社会を科学的に理解することは、同時にこれを変革しないかぎり不可能である。現代の学究的社会科学は、このような目的にたいしては無力である。それらは拡大され変貌されなければならない。社会の科学は、それを形成しつつある社会的な勢力と接触しながら、成長しなければならない。(三七四頁)

本書『宇宙・肉体・悪魔』から発展したバナールの思索がここにある。科学が社会を変革し、社会もまた科学を変えなければ、真の総合知には向かえない。ひとりひとりの力には限界があるかもしれないが、バナールさえ予見しなかった新しい「群体頭脳」のかたちで、ひょっとしたらそこへ近づけるのではないか。サイエンスコミュニケーションの可能性に惹かれ、サイエンスコミュニケーターを目指す人にも、本書を含めたバナールの著作は必読書なのである。

私は科学が好きで文学が好きな単なるひとりの人間に過ぎないが、自分もまたバナールの系譜の上に立っていたのだとわかるだけで幸せな気持ちになる。多くの雑音にまみれてつい曇りかけていた視野も取り戻せる気がする。これは私が〝人間〟であるからだが、何よりもその上で、バナールの先に自分なら何を考えるのか、バナールに学んだ先達の作家たちのより向こう側をどのように描けるのか、と改めて内省し自問できるおのれに喜びを覚える。これこそが未来をつくる希望ではないか。それは普遍のものではないのだろうか。

今回、解説を書くにあたって本書の再読でもっとも印象深かったのは、「結局のところ一つの時代が創造的であるか否かを真に決定するのは希望である」という一文だった。この文章は一九二九年の刊行以来、一度たりとも古びていない。これからも決して古びることはないだろう。まさに人類が生んだ名著である。

本書は一九七二年にみすず書房より刊行されたJ・D・バナール『宇宙・肉体・悪魔』（鎮目恭夫訳）を組み直し、新たに解説を付して新版として刊行するものである。新版刊行を機に旧版にあった誤植そのほかの誤りを修正し、邦訳刊行された関連書などの情報を新たに加えた。

著者略歴

(J. D. Bernal, 1901–1971)

アイルランドに生まれる．1922 年ケンブリッジ大学卒業．デーヴィ・ファラデー研究所に入りブラッグ卿の下で X 線解析による結晶構造の研究を専攻．1927–34 年ケンブリッジ大学講師．1934–37 年同大学結晶学研究室副主任．1937 年英国学士院会員となる．1938–63 年ロンドン大学バーベック・カレッジ物理学教授．1963年同カレッジ結晶学教授に転じ，1968 年病気のため退職．他方 1936 年ブリュッセル国際平和会議科学部会議長を務め，大戦中は英国治安省および航空省の顧問として防空対策に当たり，統合作戦本部科学顧問としてケベック会談に参加．1947–9 年イギリス科学労働者協会会長．1948 年世界科学労働者協会（WFSW）副会長．1950 年世界平和評議会副会長．1958–65 年同評議会の代表委員会議長．著書は本書のほかに，『科学の社会的機能』（1951，創元社），『生命の起原』（1952，岩波書店），『科学と産業』（1956，岩波書店），『歴史における科学』（第 3 版，1966，みすず書房），『戦争のない世界』（1959，岩波書店），『人間の拡張』（1976，みすず書房）などがある．

訳者略歴

鎮目恭夫〈しずめ・やすお〉1925 年東京に生まれる．1947 年東京大学理学部物理学科卒業．科学思想史専攻．科学評論家．2011 年歿．著書『性科学論』（1975），『自我と宇宙』（1982），『科学と読書』（1986），『人間にとって自分とは何か』（1999），『ヒトの言語の特性と科学の限界』（2011，以上みすず書房），『心と物と神の関係の科学へ』（1993，白揚社）ほか．訳書　シュレーディンガー『生命とは何か』（1951，岩波新書；2008，岩波文庫），バナール『歴史における科学』（1956），ウィーナー『サイバネティックスはいかにして生まれたか』（1956），『科学と神』（1965），『人間機械論　第二版』（1979），『神童から俗人へ――わが幼時と青春』（1983），『発明』（1994），メダワー（メダウォー）『若き科学者へ』（1981，新版 2016），ダイソン『多様化世界』（1990，以上みすず書房）ほか多数．

解説者略歴

瀬名秀明〈せな・ひであき〉1968 年静岡県生まれ．東北大学大学院薬学研究科博士課程修了．薬学博士．小説『パラサイト・イヴ』（1995，角川書店；2007，新潮文庫）で第 2 回日本ホラー小説大賞を受賞しデビュー．SF 小説をはじめ，ロボット学や生命科学など科学に関する著作多数．小説作品に『BRAIN VALLEY』（1997，角川書店；2005，新潮文庫．第 19 回日本 SF 大賞受賞），『ポロック生命体』（2020，新潮社）など，ノンフィクション作品に『パンデミックとたたかう』（2009，岩波新書．押谷仁との共著），『ロボットとの付き合い方、おしえます。』（2010，河出書房新社）などがある．

J・D・バナール

宇宙・肉体・悪魔

理性的精神の敵について

新 版

鎮目恭夫訳

2020年 7月16日 第1刷発行
2023年10月17日 第3刷発行

発行所 株式会社 みすず書房
〒113-0033 東京都文京区本郷2丁目20-7
電話 03-3814-0131(営業) 03-3815-9181(編集)
www.msz.co.jp

本文組版 キャップス
本文印刷所 理想社
扉・表紙・カバー印刷所 リヒトプランニング
製本所 誠製本
装丁 大倉真一郎

Printed in Japan
ISBN 978-4-622-08923-0
[うちゅうにくたいあくま]